一生三控

调控心态 掌控性格 制控习惯

高轶飞◎编著

中国华侨出版社
·北京·

图书在版编目 (CIP) 数据

一生三控：调控心态，掌控性格，制控习惯/高轶飞编著 .—北京：中国华侨出版社，2013.4（2024.7 重印）

ISBN 978-7-5113-3437-4

Ⅰ .①—⋯ Ⅱ .①高⋯ Ⅲ .①成功心理－通俗读物
Ⅳ .① B848.4–49

中国版本图书馆 CIP 数据核字（2013）第 062091 号

一生三控：调控心态，掌控性格，制控习惯

编　　著：	高轶飞
责任编辑：	唐崇杰
封面设计：	周　飞
经　　销：	新华书店

开　　本：710 mm × 1000 mm　1/16 开　　印张：12　字数：136 千字

印　　刷：三河市富华印刷包装有限公司

版　　次：2009 年 9 月第 1 版

印　　次：2024 年 7 月第 2 次印刷

书　　号：ISBN 978-7-5113-3437-4

定　　价：49.80 元

中国华侨出版社　北京市朝阳区西坝河东里 77 号楼底商 5 号　邮编：100028
发 行 部：（010）64443051　　　传　真：（010）64439708
网　　址：www.oveaschin.com　　E － m a i l：oveaschin@sina.com

如果发现印装质量问题，影响阅读，请与印刷厂联系调换。

前 言
Preface

　　毫无疑问，我们需要对自己的人生有所控制，因为有控制才有理性，有理性才能越靠近成功。而想要成功，很重要的一点就是——控制好你的心态、性格和习惯。我们且称之为"一生三控"。心态，它对人生的重要性不言而喻，它关乎我们的成败荣辱，往往决定了我们的一生。它还影响我们的苦乐，关乎着我们的生活质量，往往决定了我们生命的长度和宽度。

　　积极的心态就是我们成功的基石。人之一生，风雨无数，谁又可能一帆风顺？那么，每当苦难来袭，我们该怎样面对？有两种选择——你能沉着应对、积极克服、厚积薄发，你就不会因畏惧而前功尽弃，就能够战胜苦难焕发新春；你不能或是不敢面对，牢骚满腹或是打退堂鼓，又或心浮气躁、草率行事，那么你就会与成功背道而驰，在人生的这条路上，你将注定是个失败者。

　　而人的性格却是各有不同，每一种性格都有或多或少的优点或缺陷。而一个理智的人，就要懂得扬长避短，要发扬性格上的优势，避开或克服性格上的缺陷。事实上，性格没有绝对的好坏之分，重要的是你的性格是否与你的现实"环境"或期望的"环境"相配比，这里说的"环境"是指你的生活环境及工作环境。如果你的性格与"环境"很配比，或者只有细微的差异，那么恭喜你，你的性格已经很好了，只需做细微的改善。如果你的性格与"环境"很不协调，而你又想在这种"环境"生活下去，甚至想在这种"环境"下成就一番事业，那么你就要学会改变自己的性格，使你的性格与"环境"相配比，这样才会为你事业的发展奠定坚实的基础。

习惯则是一种心理惯性，它是个人人格的发展基础。习惯培养的过程，从一定意义上说，就是人格培养的过程。你的习惯若好，人格自然会好；你的习惯若是很糟糕，那么你的人格也绝对好不到哪里去。若是如此，你想想，自己成功的概率会有多大？

"欲成大器，先要大气"。大气之人什么样？要心态不惊不惧，性格不骄不躁，气势不张不扬，习惯不猥不琐，静得优雅，动得从容，行得洒脱。扪心自问，我们又做到了几分？如果感觉还有差距，那就尽快去弥补吧！

请记住——成功是一种心态，一种性格，一种习惯！我们想要成为理想中的人物，就要尽最大能力来发展自我。我们想要事情有所改变，首先就要改变自己，想要事情变得更好，就一定要更好地掌控自己的心态、性格和习惯。

目 录
Contents

～ 上辑 ～

积极的心态，造就卓越的状态

～ 中辑 ～

健康的性格，成就幸福的命运

～ 下辑 ～
优良的习惯，铸就卓绝的人生

积极的心态，
造就卓越的状态

第一章
纵然有再多苦难,你要当作历练

成功的人生，需要一种坚强的心态，只有学会坚强，我们才会把坎坷和不幸看成人生的磨炼，把逆境和挫折看成人生的必经之路；只有学会坚强，我们才不会消沉，才会以积极的心态挑战苦难，挑战未知；只有学会坚强，知难而进，努力超越自我，我们才可能建立超人的业绩，才会一步步走向成功。

你不能选择开始，但你可以塑造结局

人生在世，很多事情确实不由我们自己做主。就拿出身来说，一部分人生在富贵之家，自幼锦衣玉食，享受着"高等教育"，无须刻意去奋斗，就能够得到比普通人更多的收获。

然而，这毕竟只是少数人的待遇，多数情况下，我们会降生在一个平凡人家。这样的家境，无法为我们搭建有高度的人生起点，因此我们注定要比那些"天之骄子"多付出几倍，甚至是几十倍的努力。当然，你可以去指责上苍的"不公"，但你决不能怨天尤人、得过且过，将大好的青春白白浪费。

事实上，很多成功人士的人生起点同样很低，但他们能够把这种"不公"转换成动力，在平凡的起点上，铆足劲攀上不平凡的高度。而这些人成功的关键因素就是他们对于生活的态度以及做人的心态。

罗伯特·巴拉尼的故事就是一个活生生的例子。罗伯特·巴拉尼出生在一个犹太家庭，年幼时不幸患上骨结核病，由于贫困没钱根治，他的膝关节最终落下残疾——永久性僵硬。父母为儿子感到伤心，巴拉尼当然也痛苦至极。然而，尽管当时只有七八岁，但他却懂得把自己的痛苦隐藏起来，他对父母说："你们不要为我伤心，我完全能做出一个健康人的成就。"听到儿子的这番话，父母悲喜交集，抱着他泪流满面。

从此，巴拉尼狠下决心——一定要证明自己不比别人差！父母为儿子的坚强、"好胜"大感欣慰，他们每天交替接送巴拉尼上下学，十余年风雨不改！巴拉尼也没有辜负父母的心血，没有忘掉自己的誓言，从小学至中学，他的成绩一直在同年级学生中名列前茅。

18岁时，巴拉尼考入维也纳大学医学院，并最终获得了博士学位。大学毕业以后，作为一名见习医生，他留在了维也纳大学耳科诊所工作，由于工作努力，颇受该大学医院著名医生——亚当·波利兹的赏识。于是，波利兹对他的工作和研究给予了热情的指导。此后，巴拉尼对眼球震颤现象进行了深入研究和探源，经过多年努力，他发表了题为《热眼球震颤的观察》的研究论文。这篇论文的发表，受到了医学界的广泛关注和认同，耳科"热检验法"就此宣告诞生。在此基础上，巴拉尼再度深入钻研，通过实验最终证明内耳前庭器与小脑有关，从此奠定了耳科生理学的基础。

后来，著名耳科医生亚当·波利兹病重，他将自己主持的耳科研究所事务及维也纳大学耳科医学教学任务全部交给了巴拉尼。繁重的工作给了巴拉尼很大压力，但他没有畏惧，他在出色完成工作之余，仍继续着对自身专业的深入研究。几年以后，巴拉尼先后发表了《半规管的生理学与病理学》《前庭器的机能试验》两本著作，基于他在科研领域的突破性贡献，奥地利皇家决定授予他爵位殊荣。在后来，巴拉尼又斩获了诺贝尔生理学及医学奖。

巴拉尼一生共计发表科研论文184篇，曾医治好诸多耳科绝症患者。为纪念他的卓越成就，医学界探测前庭疾患试验、检查小脑活动及与平衡障碍有关的试验，都是以他的姓氏命名的。

巴拉尼的起点如何？——家庭贫困且自幼残疾，其境况简直可以用"悲惨"来形容！然而，正是困境对于他的激励，才使其心生斗志，并最终取得了堪称伟大的成就。试想一下，假如没有贫困和残疾的刺激，他会怎样？或许会成为一个衣食无忧的平凡人；假如他在困境面前消沉退缩又会怎样？只能在贫困的深渊中越陷越深。幸运的是，他没有这样做，他在父母的帮助以及自己的努力下，用正确的生活态度和规律调整着自己的行为方向。这样，一条康庄大道出现在了他的眼前，将他引出困境，引向一条更有价值、更有意义的人生之路。

所以朋友，请改变你的心态：

请不要再抱怨自己的出身，别把它当成一种不幸。这或许更是一种历练，逆境虽然不能令每一个人成为巴拉尼，但它确实造就了很多生活中的强者，造就了很多成功人士。而我们现在所要做的，就是把"不幸"放下，努力成为他们之中的一分子。

请保持一颗乐观的心。事实上，就算你恼、你恨、你哭、你怨，既成事实也不能改变。而你唯一能改变的是你将来的命运。所以，我们需要秉持一种乐观的心态，向着自己的目标一直坚强地奋斗下去。不要让坏心态阻碍我们的成长，不要让坏心态阻碍我们的成功。事实上，没有什么能剥夺我们追求幸福的权利。

请保留那份斗志，我们要形成这样一种认知——在没有家庭背景、没有他人的帮扶下取得成功，这更令人欣慰。我们要激发的就是这种乐观地追求成功的心态，就把自己打造成一个顽强的石头。

请务必记住，出身不好无所谓，起点低也没什么。这无非是一种磨砺，倘若你能像巴拉尼一样，将磨砺当成激励，用努力去挑战困境，你就一定能够得到别人的认可，令别人对自己高看一眼。

别允许自己有一点灰心丧气

有这样一首诗——"咬定青山不放松，立根原在破岩中；千磨万击还坚劲，任尔东西南北风。"这是郑板桥借以形容成功人士的韧劲和毅力的，读起来朗朗上口，颇为恰当。

相信很多人都喜欢别人用"百折不挠"来形容自己的毅力，爱迪生所说的"我绝不允许自己有一点灰心丧气"，这就是"百折不挠"精神的一种表现。实际上，许多成功的取得何止"百折"！所以我们就需要有那种刚强的决心和韧性，这样才能经得起挫折，才能走向成功。正如居里夫人所言："人要有毅力，否则将一事无成。"英国文豪狄更斯也认为："顽强的毅力可以征服世界上任何一座高峰。"

对许多朋友来说，如果能像爱迪生那样"不允许自己有一点灰心丧气"，那么也能成为成功者，照样能迈向超级的成功。用我国著名排球运动员郎平的话说，就是："要想成功，必须有超人的毅力。"

坚强的毅力要从小开始培养。倘若我们从小经受考验，注意培养自己的毅力，那么就可以期望在事业上同样能具备"绝不允许自己有一点灰心丧气"的精神。这方面具体的培养方法可以参考以下几点：

1."由易到难"

也就是说，培养和锻炼毅力，最好先从难度小的事做起，以便取得马到成功之效，借此增强决心与信心。革命先烈恽代英说过："立志须用集义的功夫。余意集义者，即在小事中常用奋斗功夫也。……如小处不能胜过，尚望大处胜过，岂非自欺之甚乎？胜过小者，再胜过较大者，再胜过更大者。此所谓集义也。"恽代英所说的"集义"，显然也是指培养和锻炼毅力的意思。

2."择难而进"

一般说来，容易做到的事，对毅力的锻炼总是有限的。所以为了更好地培养和锻炼毅力，一方面需要从小事做起，由完成难度不大的事情起步；另一方面需要逐步提高难度，挑选做一些难度大的事情。《人性的弱点》一书作者卡耐基说："大胆地去做你所怕做的事情，并力争得到一个成功的纪录。""择难而进"得有耐心和恒心，"耐心和恒心总会得到报酬的。"（爱因斯坦语）

3."挑战挫折"

正确对待挫折是培养和锻炼毅力的重要方面。"挑战挫折"要有对困难泰然处之的态度，把困难看作是成功路上谁都难以避免的问题。面对挫折最重要的是头脑冷静，不要因挫折而惊慌失措，更不可灰心丧气。同时要有对困难战而胜之的决心，即下决心与挫折较量一番，看看究竟谁战胜谁。一旦你在"战略"上将挫折视为"纸老虎"，在"战术"上将挫折看做"真老虎"，那你将会发现挫折或困难变得比它们当初出现时要渺小得多。

成功必须要有恒心和毅力，这听起来似乎在说多余的话。然而有许多人，恰恰没有让这些"多余的话"入耳、入脑，忽视了这类"老生常谈"，到头来一事无成。

医学史上曾有一种叫"606"的药。试验者试验这种药失败过605次，直至第606次才获得成功。试想研制这种药的人，只到几次、十几次或几十次，甚至605次便没有恒心，那非前功尽弃不可。

百折不回、锲而不舍正是"成在恒"的要求和表现。鲁迅先生早就说过："做一件事，无论大小，倘无恒心，是做不好的。"

"学贵有恒"这一说法，讲的也是恒心的重要性。当然，不光是读书，做任何事情欲成功却无恒心，恐怕难以见成效。一件事只要具备了成功的客观条件，那么其成败得失，与我们做事有无恒心及恒心大小是成正比的。有时候，事难成，可能就难在这个"恒"字上。

美国生物学家吉耶曼、沙得等人克服了重重困难，顽强地进行下丘脑激素的研究工作。他们需要在实验中一个一个地处理 27 万只羊脑，才能获得 1 毫克"促甲状腺释放因子"的样品。由于他们持之以恒、百折不挠，终于成功地发现了脑激素，共同荣获 1977 年诺贝尔奖。后来，当有人问起："什么叫坚韧不拔？什么叫持之以恒？"吉耶曼和沙得回答道："那就是逐个地分析 100 万只羊脑！"

忽冷忽热、时紧时松等，是有些朋友在成功征途上常犯的一种毛病。所以请你不要忘记：成在恒，贵在恒，难也在恒。所以，要尽快改掉缺乏恒心的毛病，说不定成功就在此一举。

清代画家郑板桥十分欣赏竹子的那种"咬定青山不放松"的顽强意志和对自己的严格要求。抓而不紧，等于不抓。"严"，不仅是严格要求自己，而且要"咬定"不放，一抓到底。有些人追求成功时，往往存在浅尝辄止、虎头蛇尾现象。由于缺乏"严"字当头的作风，所以不会"咬定"成功目标不放。也有少数人在成功之路上刚有点进展，却又将兴趣转移他处。出现此种情况还与他们急于求成有关系。古人说："夫君子之所取者远，则必有所待；所就者大，则必有所忍。"其实，从"严"字出发，就应当舍得下功夫，严格要求自己埋头苦干。而这一点又往往是许多渴望成功的朋友忽视的问题。

如今在国外普遍受到重视的"磨难教育"，常常帮助青少年在艰苦环境中去追求成功。

所谓"磨难教育"，就是有意识地在青少年中设置一些困难，故意让他们遭受一点挫折，其目的是让受教育者在与困难或挫折作斗争中经受锻炼。"磨难教育"设置困难或挫折不仅有生活和体能方面的，也有学习、工作乃至心理承受方面的。

其实，很多年轻的朋友更应该去接受这种"磨难教育"。因为刚踏入社会，我们要付出比别的年龄段更多的艰辛，也好借此去磨砺我们的意志，培养我们的勇敢、坚强、无畏的心理素质。

要自强，不要依赖

有这样一句话说得好，苦难究竟是人生的财富还是屈辱？若你战胜苦难，它便是你的财富；若苦难战胜了你，它便是你的屈辱！

在那些修行之人看来，那些叫苦的人并没有真觉悟，只是对"苦"有了初步的感受，但"苦"的程度还不够，若是真正吃够苦的人，不会浪费时间叫苦，而会在反思过程中将所有精力用在化解苦上。从生命的低谷重新上升，这叫"转迷成悟"。用在我们平凡的生活中，可以解释为：在哪里跌倒，就在哪里爬起来。

跌倒了，只要能够爬起来，就不会失败，坚持下去，才会成功。所以，我们不要因为命运的怪诞而俯首听命于它，任凭它的摆布。等年老的时候回首往事，就会发觉命运只有一半在上天的手里，而另一半则由自己掌握，一个人一生的全部就在于：运用手里所拥有的去获取上天所掌握的。人的努力越超常，手里掌握的那一半就越庞大，获得的就越丰硕。

如果一个人把眼光拘泥于挫折的痛感之上，他就很难再有心思想自己下一步如何努力、最后如何成功。一个拳击运动员说："当你的左眼被打伤时，右眼就得睁得更大，这样才能够看清敌人，也才能够有机会还手。如果右眼同时闭上，那么不但右眼也要挨拳，恐怕命都难保！"拳击就是这样，即使面对对手无比强劲的攻击，你还是得睁大眼睛面对受伤的感觉，如果不是这样的话一定会败得更惨。其实人生又何尝不是如此呢？

做人，一定要有点自强的精神，不要一遇到困难便萎靡不振，更不要把所有希望寄托在别人身上，我们必须认识到，这个世界上没有谁是我们永久的靠山，一心指望他人，就只会靠山山倒，靠人人跑。而我们要做的，就是让自己刚强起来，凭借自己的力量从跌倒的地方再爬起来。

我们来看看下面这个故事，或许会对我们有一些启发。

一名中国学生以优异的成绩考入美国一所著名学府。初来乍到，人地生疏，思乡心切，饮食又不习惯，他不久便病倒了。为了治病，留学生花了不少钱，他的生活渐渐地陷入了窘境。

病好以后，他来到当地一家中国餐馆打工，每个小时会有 8 美元的收入，但仅仅干了两天，他就嫌累辞了工。一个学期下来，身上的钱已然所剩无几，于是趁着放假，他便退学回了家。

在他走出机场时，远远便看见前来迎机的父亲，他兴奋地迎着父亲跑去，父亲则张开双臂准备拥抱久违的儿子。可就在父子相拥的一刹那，父亲突然退后一步，他扑了个空，重重摔倒在地上，他不解，难道父亲为自己退学的事动了大怒？下一秒，父亲将他拉起，语重心长地说道："孩子你记住，这个世界上没有任何一个人会做你的永久靠山。你要想生存，想在惨烈的竞争中胜出，就只能靠你自己！"随后，父亲递给他一张返程机票。

他万里迢迢回到家乡，却连家门都没入便返回了学校。从此，他发愤学习，竭力适应环境。一年以后，他斩获了院里的最高奖学金，并在一家具有国际影响力的刊物上发表了数篇论文。

是的，这个世界上没有谁是你真正的靠山，你真正可以依靠的只能是你自己，只有你自己才是你能依靠的人。

人生就像在爬山，一路上总是坎坷不断，跌倒了便爬起来才能登上山顶。跌倒了就趴着，这就是懦夫。如果你放弃了站起来的机会，就那样萎靡地坐在地上，不会有人去搀扶你。相反，你只会招来别人的鄙夷和唾弃。要知道，如果你愿意趴着，别人是拉你不起的，即便是拉起来，你早晚还会趴下去。

人不怕跌倒，就怕一跌不起，这也是成功者与失败者的区别所在。在这个世界上，最不值得同情的人就是被失败打垮的人，一个否定自己的人又有什么资格要求别人去肯定？自我放弃的人是这个世界上最可怜的人，因为他们的内心一直被自轻自贱的毒蛇噬咬，不仅丢失了心灵的新鲜血液，而且丧失了拼搏的勇气，更可悲的是，他们的心中已经被注入了厌世和绝望的毒液，乃至原本健康的心灵逐渐枯萎……

那么要怎样阻止这种状况的发生呢？

首先，不要轻言放弃。

在人生崎岖的道路上，放弃这个念头随时都会悄然出现，尤其是当我们迷惑、劳累困乏时，更要加倍地警惕。偶尔短时间地滑入低落状态是很正常的现象，但长期处于低落之中就会酿成人生的灾难。所以无论做什么事，我们都不要轻言放弃。

其次，不要轻易下结论否定自己，不要怯于接受挑战。你要记住，只要开始行动，就不会太晚；只要去做，就总有成功的可能。世上能打败我们的只有我们自己，成功之门一直虚掩着，除非你认为自己不能成功，它才会关闭，而只要你自己觉得可能，那么一切就皆有可能。

换言之，要想堂堂正正地活着，我们就一定要自强不息，有了自强精神才能产生勇气、力量和毅力。具备了这些，困难才有可能被战胜，目标才可能达到，胜利才可能拥有。但是，我们不要自负，更不要痴妄，我们要把这份信心建筑在崇高和自强不息的基础之上才有意义。心中有了自强不息的信念，我们的成功才有动力。

敢于向高难度挑战

在通往成功的路上，一个困难就是一次挑战。如果你不是被吓倒，而是奋力一搏，也许对手都能成为你成功的阶梯，也许你会因此而创造超越自我的奇迹。

面对生活带来的苦难，屈服于命运、自卑于命运，并企图以此博取别人的同情，这样的人永远只能躺在自己的不幸上哀鸣。其实，靠自己的勇敢和坚强一样可以消除困难的阴影，赢得尊重。

毫无疑问，每个人都不可避免地在人生道路上艰难地跋涉着，有失败，也有成功。想战胜失败，首先就不能被失败所吓倒。

一个人如果不敢向高难度的生活挑战，就是对自己潜能的画地为牢。这样只能使自己无限的潜能得不到发挥，白白浪费掉。这时，不管你有多高的才华，工作上也很难有所突破，职场上遭遇挫折更不是什么新鲜事。不得志之余，你万分羡慕那些有卓越表现的同事，羡慕他们深得老板器重，说他们运气好。殊不知，每个人的成功都不是偶然的。这就好比禾苗的茁壮成长必须有种子的发芽一样，成功者之所以成功，之所以能得到老板的青睐，很大程度上取决于他们勇于挑战困难的努力。尤其是在竞争激烈的职场中，正是秉持这种精神——他们磨砺生存的利器，不断力争上游，脱颖而出。对老板而言，这类员工是他们永远不变的最佳选择。正如一位老板所说："我们所急需的人才，是有奋斗进取精神、勇于向困难挑战的人。"

其实人的一生，不顺时，常有之，正所谓"天有不测风云"，旦夕祸福孰能预料？碰上了其实很正常。问题的关键在于，真的碰上了，我们该怎样去面对？很多人每遇此境，常喟叹造物弄人、命运不济，甚至舍不得"浪费力气"争取一下，便草草放弃。如此，再一次遭遇，再一次放弃，一而再、再而三，到最后又能留下什么？那么，为什么我们不能在浮云蔽日之时暂蓄力量，将不顺之事当作成功的垫脚石，待有朝一日厚积薄发，重新站到阳光之下呢？须知，风雨过后常现彩虹，浮云焉可常蔽日，黄沙吹尽始到金。

黄宏生——这是一个荣登《福布斯》富豪排行榜的传奇人物。当年，他随着上山下乡的大潮来到海南黎母山区，在这里做了一名知青，黎母山区是黎族和苗族聚居之方，丛林密布，气候潮湿，生活环境十分恶劣。

但是，黄宏生始终没有失去斗志，他一直坚持学习，在那种艰苦的条件下，他尽可能找书来读。《钢铁是怎样炼成的》《青春之歌》成为他那时最好的精神食粮。恢复高考以后，黄宏生以优异的成绩考入华南理工大学。

毕业以后，黄宏生进入华南电子进出口公司工作。3年后，28岁的黄宏生被破格提拔为常务副总经理，副厅级待遇，人生和事业都进入春风得意的阶段。但他并不满足，他还有梦想没有实现，于是，他决定放弃现在的一切，去香港打天下。

于是，在同事的惊讶与叹息声中，黄宏生辞掉了令人羡慕的职位，只身"下海"。

在香港，黄宏生创办了自己的第一个企业——"创维"，那时还只是个名不见经传的小公司，由于不熟悉香港环境，贸易环节又太多，进了货卖不出去，因此入不敷出。眼看着自己的努力付诸东流，黄宏生大病一场。

第一次打击刚过，第二个打击又接踵而至。重新振作起来的黄宏生积累了一点资金，办起一家遥控器厂。此时，恰逢香港流行丽音广播，黄宏生认为"有机可乘"，便与菲利浦公司工程师合作开发丽音解码器，做成机顶盒接收丽音信号。当时，他的雄心很大，首次就做了2万台，只等一战惊四野。没想到，最后震惊的竟是自己，丽音广播毫无预兆地说停就停，那2万台解码器一下子全砸在了手里，黄宏生又一次尝到了失败的滋味。

正所谓"屋漏更遭连夜雨，破船又遇打头风"，还未等黄宏生喘过气来，第三次打击毫不客气地迎面而来。黄宏生学的是无线电工程，他看到当时东欧彩电供不应求，前景一片大好，便从银行贷款 500 万港元，聘请 40 余名国内知名厂家工程人员开发彩电产品。经过一年多的努力，产品是开发出来了，但由于技术落后，与世界先进水平相去甚远，且不符合国际规格，结果参加国际展览无人问津，又亏损了近 500 万港元。至此，黄宏生已债台高筑，陷入绝境。

当黄宏生山穷水尽之时，他的老领导到香港去看他，那时的他已经瘦得皮包骨头了。老领导表示，还是欢迎他回原单位工作，还劝他"苦海无涯，回头是岸"。

但黄宏生并没有当逃兵，他选择忍耐、坚持、等待。他反省自己失败的缘由，默默积累，只等有朝一日东山再起。

在忍耐与等待中，黄宏生终于抓住了机会。那一年，香港爆发了一场收购大战，香港迅科集团由于高层内讧，决定将公司拍卖，从而引来各路富商大竞标，而迅科集团一批彩电专家则受到排斥，黄宏生根本不具备实力参与收购战，但他却成了这场大战中真正的赢家。事实上，他"收购"的是无形资产——是那些迅科彩电开发部的技术骨干，他出让公司 15% 的股份将他们纳入旗下，使企业获得了强有力的技术支持。9 个月后，创维开发出国际领先的第三代彩电，在德国的电子展上获得了第一笔 2 万台的大订单，创维靠技术征服了欧洲市场，从绝境中走了出来。

若不是能够隐忍，能够坚持，能够将暂时的失意抛在一旁，静待时机东山再起，黄宏生的人生又怎能如此光芒四射？事实上，天空阴霾没关系，羁绊太多也没关系，只要你沉得住气，那么你的等待和积累必然会有所回报。因为你在等待与积累的过程中，已经将自己锻造成了一块闪闪发光的金子。

要想拥有这种韧性，我们就要耐得住寂寞，耐得住贫寒，耐得住讥讽，耐得住折磨，这样才能守得云开，才能摘取最后的胜利果实。

同时，我们在面对生活的挑战时，不管是先天的缺陷还是后天的困难，都不要自己怜惜自己，要敢于应战，要咬紧牙关挺住，然后像狮子一样勇猛反扑。我们要牢记，在自己心里一定不要有"不可能"3个字。任何失败都是生活的挑战，失败并不可怕，它应当成为一种促使自己向上的激励机制，它也是我们生活的一种表征，是我们勇敢的转化。

其实，并不是苦难成就了天才，也不是天才特别热爱苦难。苦难在我们的生活中，任何人都会碰到，只是有的人退缩了，有的人去勇敢地面对。退缩的人就此沉没，克服的人成了生活的强者。

学会一个"挺"字

自然界的狼在战斗时，其凶猛与彪悍令人望而生畏，而它们在战斗前的忍耐与伏藏同样令人敬佩。在狼群内部的王者之中，每一只狼都有可能胜出，每一只狼都有可能落败。但败便败了，它们不会气馁，因为每一只狼都相信，自己终有一天会成为头狼。同时，它们也不会做意气之争，倘若实力不济，败于对方的爪、牙之下，乃至遍体鳞伤，它们就会乖乖地夹起尾巴做狼，忍受头狼的颐指气使，等到自己更加强大，等到头狼日渐衰老，便会毫不客气地取而代之。

事实上，在历史的画卷中，狼一样的人也并不少见。

日本 300 年德川幕府政权的开创者——德川家康自幼际遇坎坷，年仅 6 岁时，便被丰臣秀吉抓去当人质。丰臣秀吉交给了德川家康一个非常"艰巨"的任务——每日起床以后，先将丰臣秀吉的鞋放在怀中暖热，然后再亲自给丰臣秀吉穿上，这种工作，德川家康一做就是 7 年。

13 岁时，丰臣秀吉大发善心，告诉德川家康："你可以回去了。"

于是，德川家康才得以恢复自由，结束做人质的屈辱生活。但丰臣秀吉并没有就此放过他，他派人监视德川家康，看看他在获释后到底做些什么。

走出丰臣府，德川家康一直没有回头，默默地消失在路口。

回到家以后，他就像什么也没有发生过一样，并不急于囤积力量，聚兵复仇，而是过着非常有规律的生活。得到这一消息以后，丰臣秀吉放心了，也就再没有为难德川家康。

若干年后，丰臣秀吉归天，德川家康得知以后，立即集结军队，杀入大阪城，铲除了整个丰臣家族，并最终在 73 岁高龄时彻底统一了日本。

看过这个故事，你是否觉得德川家康就像狼一样？在时机不成熟时，他始终隐忍，虽然受尽屈辱，但心中的志向始终未变。一旦机会到来，他便痛下杀手，取而代之。

正所谓"宝剑锋从磨砺出，梅花香自苦寒来"。真正有远见的人，都能如狼一般在挫折与失败中保持自己的渴望与热情，不屈不挠、坚韧不拔。同时深谋远虑、厚积薄发。

其实，人这一生难免风雨飘摇，即便你不愿意，但磨难总是不请自来，找你的麻烦。谁想要成功，就必须做好经历磨难的心理准备，要有勇气迎难而上，在忍耐与坚持中等待成功。你每多付出一份忍耐、多付出一份坚持、多付出一份汗水，就增加一份成功的概率。

遗憾的是，很多人在困难与挫折的轮番轰炸下开始退却了，忘记了曾经的理想，放弃了曾经的坚持，不是退回原点便是裹足不前，这样的人注定与成功无缘。

卓越的人勇于坚持，而懦弱的人习惯放弃。对于预期目标，倘若你坚持，就有希望；倘若半途而废，最终自然无果。许多事情的失败，并不是因为能力上的欠缺，恰恰是因为少了忍耐与坚持的精神，因为影响了命运，留下了遗憾。

可见，人生需要一个"挺"字。所谓"挺"，就是遇到逆境、遇到困难信念不失，像狼一样，即便牙被咬断，也要一边舔着伤口，一边盯着目标。

人有毅力万事成，人无毅力万事崩，成功的秘诀可归纳为 8 个字：不屈不挠，坚持到底！但要做到这 8 个字，也并不容易。

首先，我们要记住，无论环境何其险恶，都要以积极的心态去面对，积极的心态能够使我们在面临恶劣的情形时寻求最好的、最有利的解决方法。换言之，在追求某种目标时，即使举步维艰，仍有所指望。事实也证明，当你往好的一面看时，你便有可能获得成功。积极地思考是一种深思熟虑的过程，也是一种主观的选择。

其次，逆境中，我们要培养出审时度势、战胜困难的精神，坚强的意志也只能在困境中练就。困境可以检验我们的品质。如果我们敢于直面困境，积极主动地寻求解决问题的办法，那么我们或迟或早，总会成功。如果我们被困难吓倒，灰心丧气，无所作为，那么即使困境局面消除，也难以走出失败的阴影。

再次，无论要面对多大的委屈，我们都要学会忍耐，忍人所不能忍，效狼之无所不能忍，眼睛始终盯着目标，默默积蓄力量，付诸百倍的坚持，直到目标实现为止！

一种坚忍的性格可以帮你渡过难关，一副坚韧的神经可以让你经受磨炼。成功之路从不平坦，在挫折中站起，在废墟中重建，只要心不死、志不灭，你就是一个顶天立地的人。

事实上，那些社会上的强者都具有狼一般的韧性，面对长期的困境，他们或斗志始终不灭，凭着一副熬不垮的精神、一腔无所畏惧的勇气，振作精神、发愤图强，以求早日突破困境的牢笼。与其说他们的成绩是速度的胜利，毋宁说是意志和恒心的胜利！

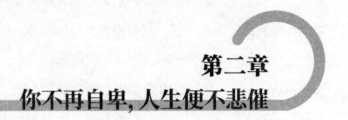

第二章
你不再自卑, 人生便不悲催

有些人总有一种自卑心态，认为自己的相貌、学识等各方面都不如人，于是阴霾盘结于心，久久不散，无法正常工作、正常生活。其实我们真不该这样，我们活在世上，都想成功，而成功靠的是什么呢？就是自信！因为自信是成功人生的奠基石，自信是成功的第一秘诀。所以说，只要我们不再自卑，我们的人生便不会再悲催。

要想征服世界，首先征服自己的悲观

有些人在失利以后总是很悲观，他们或许并不知道，这个世界上没有谁的人生是一帆风顺的。如果人的一生都在平庸中度过，没有一丝的起落和波澜，那么他必将因此而深感遗憾。困难和挑战一个接一个接踵而至，无论是成功还是失败，都不过是生命的一个过程。这时候，你不应该皱起自己的眉头，而应用一颗乐观向上的心去期盼明天的太阳。太阳每一天都会从东方升起，千万年来从未间断过，当然，明天，明天的明天也是如此……

当困难来临的时候，你的反应是怎样的呢？多少年的风风雨雨，虽说人生没有什么大起大落，但至少也经历了一些波澜。很多成功的人把乐观的心态渗入了自己的骨髓，在他们眼中，困难和挑战不是什么了不起的大事，而仅仅是一个有待于解决的问题。也许自己这张答卷不会是最好的，但却是最认真的、倾尽全力的。在人生的道路上，不管出现了什么样的问题，只要尽力了就好。当你怀着一颗乐观的心面对这个世界的时候，世界也会同样给你一个灿烂的笑容。

一位著名的政治家曾经说过："要想征服世界，首先要征服自己的悲观。"在人生中，悲观的情绪笼罩着生命中的各个阶段，是不可避免的。战胜悲观的情绪，用自信、乐观的心态支配自己的生命，你就会发现生活有趣得多。悲观就好比是一个幽灵，能征服自己的悲观情绪的人，往往能征服世界上许多困难的事情。尽管人生中悲观的情绪不可能完全消散，但最要紧的事情是我们要用自己乐观的心去击败它、征服它。

在日常的生活中，我们往往见到有人自信乐观，有人消极悲观，处理问题的态度也有着很大的差异，这是为什么呢？其实，外在的世界并没有什么不同，只是个人内在的处世心态不同罢了。

一家卖甜甜圈的商店贴了这样一块发人深思的招牌，上面写着："乐观者和悲观者的差别十分微妙：乐观者看到的是甜甜圈，而悲观者看到的则是甜甜圈中间的小小空洞。"这虽然只是个短短的幽默句子，却透露了这家甜甜圈店追求快乐的本质。事实上，人们眼睛见到的，往往并不是整个事物的全貌，而只是自己想寻求的东西。乐观者和悲观者各自寻求的东西不同，因而对同样的事物，就采取了两种截然不同的态度。

我们来看看下面这个故事，或许会从中受到一些启示。

从前有位秀才第三次进京赶考，住在一个经常住的店里。考试前两天他做了3个梦：第一个梦是梦到自己在墙上种白菜，第二个梦是下雨天，他戴了斗笠还打着伞，第三个梦是梦到跟自己心爱的女子躺在一起，但是背靠着背。临考之际做此梦，似乎与自己的前程大有关系，于是秀才第二天去找算命的解梦，算命的一听，连拍大腿说："你还是回家吧。你想想，高墙上种白菜不是白费劲吗？戴斗笠还打雨伞不是多此一举吗？跟女子躺在一张床上，却背靠背，不是没戏吗？"秀才一听，心灰意冷，回店收拾包裹准备回家，店老板非常奇怪，问："不是明天就考试吗？今天怎么就打道回府了？"秀才如此这般说了一番，店老板乐了："唉，我也会解梦的。我倒觉得，你这次一定能考中。你想想，墙上种菜不是高中吗？戴斗笠打伞不是双保险吗？你跟女背靠背躺在床上，不是说明你马上就要得到了吗？"秀才一听，觉得更有道理，于是精神振奋地参加考试，居然中了个探花。

由此可见，凡事都有两面性，多从积极乐观的角度去思考，往往会有好的结局。用自信乐观的心态对待人生，你可以看到"青草池边处处花"、"百鸟枝头唱春山"，用悲观的心态对待人生，举目只是"黄梅时节家家雨"，低眉即听"风过芭蕉雨滴残"。譬如打开窗户看夜空，有的人看到的是星光璀璨、夜空明媚；有的人看到的是黑暗一片。一个心态正常的人可在茫茫的夜空中读出星光的灿烂，增强自己对生活的自信，一个心态不正常的人让黑暗埋葬了自己且越埋越深。

从某种角度来说，自信是乐观击败悲观的最有力武器。无论你的生命走到了什么样的地步，都不要忘记自己还可以微笑着看待眼前的一切。只要你自信，厄运就会离你而去，渐渐消失；只要你自信，你的生命就能将种种不利于你的局面一点点打开；只要你自信，代表幸福的阳光就能照射在你的身上，侵入你的皮肤，渗透到你的骨髓里，使你整个身体都充满力量，使你的每一天都在激情与快乐中安然度过。

但是，守住乐观心态并不是一件容易的事情，悲观在寻常的日子里随处可以找到，而乐观则需要我们通过努力、通过智慧，才能使自己长久保持在一种人生处处充满生机的状态。悲观使人生的路愈走愈窄，乐观使人生的路愈走愈宽。作为一个成熟的人，选择乐观的态度对待人生是一种人生的智慧。在诸多无奈的人生关卡里，仰望夜空看到的是闪烁的星斗；俯视大地，大地是绿了又黄，黄了又绿的美景……这种乐观就是坚韧不拔的毅力支撑起来的一片靓丽景观。

一个人的情绪受环境的影响，这是很正常的，但你苦着脸，一副苦大仇深的样子，对环境并不会有任何的改变，相反，如果微笑着去生活，那会增加亲和力，别人更乐于跟你交往，得到的机会也会更多。只有心里有阳光的人，才能感受到现实的阳光，如果连自己都常苦着脸，那生活怎能变得美好起来？其实，生活始终是一面镜子，照到的是我们的影像，当我们哭泣时，生活也在哭泣，当我们微笑时，生活也会跟着微笑起来的。

所以，不管遇到什么事情都不要过于悲观，有道是"人生何处无芳草"，关键看你能不能保持好一个自信乐观的心态。如果你真的能守住一个乐观的心境，"不以物喜，不以己悲"，就一定能够看遍天上胜景，览尽人间春色，成为一个幸福快乐的人。

不能让失望的情绪控制你

已经过了而立之年，成为职业经理人的美梦没有实现，理想中的精致生活也没能拥有，你感到失望了，待人接物无精打采，做起事来心不在焉，此时你要注意了，偶尔的失望可以理解，但不能让失望的情绪控制了你，否则你这辈子就真没什么指望了。

失望情绪就像讨厌的感冒，连续不断地失望同连续不断地感冒一样，也会带来较为严重的后果。它会导致长期的悲观情绪以及一些由精神压抑引起的疾病，如溃疡、关节炎、头疼、背痛等。

长期对生活失望的人可分为 3 种类型。

第一种是妄自尊大型。这个类型的人指望得到特殊待遇，希望自己的房子比谁的都大，希望在饭店里吃最好的酒菜，希望别人享有的他自己通通享有。这种类型的人必须认识到他的要求是一切以自我为中心的，是不合情理的。

与第一类人截然不同的是饱受创伤型。这个类型的人由于早年受过严重创伤而对生活失去了希望，为了避免更大的失望，就期待着发生最坏的情况，以此来作为防备。于是，他们觉得自己会第一个被解雇，办事会被骗。对于这类人，恶劣的情绪比他们所面临的实际困难更为可怕，因为这类人总是感到幻灭，因而对生活总是抱着玩世不恭的态度。

而第三种是苛求自己型。这种人想讨好每个人，比如他们去参加一个晚会时想着："我怎样才能赢得晚会上所有人的好感呢？"他们时时刻刻揣测着别人对他们的要求，结果，反而不知道自己想要什么，自己需要什么了。他们总是失望，因为他们不能满足每个人的要求。

生活的每个时期都有特定的内容，所以也就有不同的失望。儿童简直可以对任何一件事情感到懊丧，因为他们对现实的认识太天真、太不充分了。随着年龄的增长，我们对现实的认识丰富起来了，我们的情绪也不再像儿童时那样变化无常了。然而，进入三十几岁时，我们才第一次看到，我们过去曾向往过的那么多目标是不可能都实现的，时间和机遇限制了可能性。我们的失望一般是围绕着事业上停滞不前之类的问题，或者觉得自己已到了中年却还没能得到原先所冀望的舒适与安定，仍在为基本的生计而奔波忙碌。

在晚年，老人们似乎对两件事情感到失望：一个是没有受到应有的尊重，另一个是因为想到自己再也不能希望什么了。

我们必须承认，任何主观的空想都是不可能实现的。我们应该使我们的愿望灵活一些，这样，一旦遇到了难遂人愿的情况，我们就有思想准备放弃原来的想法。我们要看到，没有一个愿望是绝对神圣、不可更改的。

举个简单的例子，你去看戏，希望能见到一个你十分喜欢的演员。可是，就在开演之前，主持人宣布说那位明星演员病了，由 B 角出场。假如你死死坚持原来的愿望，你就会为演员的变动而嗟叹叹气并愤愤不平地走出剧场。而如果你的愿望是灵活的，你则可能会挺喜欢这场演出，甚至会对 B 角的演技品评一番。

我们还需要在自己的愿望当中多做些有根有据的估计，少来点主观的臆想。

很简单，我们应追求与自己的能力大小相当的目标。如果我们对外语并不在行，却期望当上法文小说译作家，那就是异想天开。

那么，怎样才能从一场深深的失望中恢复过来呢？

首先要承认你受到的创伤和打击，不要掩饰它。然后，如果你愿意的话，可以难过一段时间。

接着，我们需要对所受的损失做一定分析。这最难，它要求我们领悟到：我们所期望的每一件事情都并非绝对不可缺少。

令人失望的事可以成为一次总结经验的机会，因为它用事实给我们上了一课，使我们清醒过来，正视生活的现实。它提醒我们重新考察自己的愿望，以便使之更加切合实际。

失望是谁都会有的情绪，因为世事毕竟不能尽如人意，不过在失望面前，你不应气馁，而是应该把失望化作动力，继续为了自己的目标拼搏下去。

毫无疑问，这个世界上并不存在万事如意的幸运儿，更多的人体会到的则是命运多舛的磨难。那些成功者，我们只看到了他们成功后的光环，却鲜有人知道他们历经的艰险，他们亦是在一次次的失败中站起来，在一次次的失望中重拾信心，百折不挠，才有了今天的成就。一个成年人必须学会克服失望的情绪，必须禁得起挫折与打击，才有可能为自己和家人铸造一个美好的未来。

改变"胆小鬼"心态

自卑的一种直接表现就是恐惧。在孩子们看来，大人们是强大的，也许作为成年人的我们也是这样认为。然而，这并不代表我们就能天不怕地不怕，对什么都无所畏惧。其实有的时候我们很脆弱，也有自己害怕的事情，这些恐惧隐藏在我们的心里，偶尔还会有一种隐隐作痛的感觉。作为一个"大人"，我们走向成熟的第一步就是应该正视那份恐惧，并想办法克服它、战胜它。

我们已不是小孩子，时间一天天过去，我们不知不觉跨入了成年人的行列，尽管年少轻狂时，我们总是说自己无惧无畏，说自己天不怕地不怕，但只有我们自己最清楚，在面对某些特定事情的时候，我们还是很担心，甚至还有可能会腿脚发软。现在自己已经走向了成熟，我们也开始慢慢了解到自己不是无所不能的，自己的内心又经常会产生莫名的恐惧感，尽管我们表面上还是那样强悍，但只有我们自己清楚，那只不过是把内心的不安留藏在自己内心的深处，不愿意把它外露给别人而已。

当我们懂得了这种人生的真相，内心多少又有些不安分和紧张的感觉，有人担心如果有一天撞见自己恐惧的事情该怎么办。有人担心自己那时候没有能力给自己的家人或朋友提供安全感，甚至遭遇自身难保的窘境。其实，这个世界上80%的恐惧都是纸老虎，只要你能够从容地应对，让自己的心趋于平静，就会找到应对它们的方法，并在第一时间消除它们给你生活带来的隐患，甚至成为一个打倒恐惧的英雄。

　　我们来看看下面这个真实的故事。

　　安吉·英泰尔 37 岁那年作了一个疯狂的决定：放弃他薪水优厚的主编工作，把身上仅有的 3 块多美元捐给街角的流浪汉，只带了干净的内衣裤，决定由阳光明媚的加州，靠搭便车与陌生人的好心，横穿美国。

　　他的目的地是美国东岸北卡罗来纳州的"恐怖角"（Cape Fear）。这是他精神快崩溃时作的一个仓促决定，某个午后，他忽然哭了，因为他问了自己一个问题：如果有人通知我今天死期到了，我会后悔吗？答案竟是那么肯定。虽然他有好工作、美丽的女友、热心的亲友，但他发现自己这辈子从来没有下过什么赌注，平顺的人生从没有高峰或谷底，他为自己懦弱的前半生而哭。

　　一念之间，他选择北卡罗来纳的"恐怖角"作为最终目的地，借以象征他征服生命中所有恐惧的决心。

　　他检讨自己，很诚实地为他的"恐惧"开出一张清单：从小时候开始他就怕保姆、怕邮差、怕鸟、怕猫、怕蛇、怕蝙蝠、怕黑暗、怕大海、怕飞、怕城市、怕荒野、怕热闹又怕孤独、怕失败又怕成功、怕精神崩溃……他无所不怕，却似乎"英勇"地当了主编。

　　这个懦弱的 37 岁男人上路前还接到奶奶的纸条："你一定会在路上被人杀掉。"但他成功了，4000 多里路、78 顿餐、仰赖 82 个陌生人的好心。没有接受过任何金钱的馈赠，在雷雨交加中睡在潮湿的睡袋里，也有几次像公路分尸案杀手或抢匪的家伙使他心惊胆战，在游民之家靠打工换取住宿，住过几个破碎家庭，碰到不少患有精神疾病的人，他终于来到恐怖角，接到女友寄给他的提款卡（他看见那个包裹时恨不得跳上柜台拥抱邮局职员）。他不是为了证明金钱无用，只是用这种正常人会觉得"无聊"的艰辛旅程来使自己面对所有恐惧。恐怖角到了，但恐怖角并不恐怖，原来"恐怖角"这个名称，是由一位 16 世纪的探险家取的，本来叫"Cape Faire"，被讹写为"Cape Fear"，只是一个失误。

其实，从恐惧的本意和表现来看，恐惧是我们自己造出来的，它发自我们的"肺腑"，来自我们的内心，是我们自己吓怕了自己。事实上，也确实如此，任何事情本身并不恐怖，往往是我们对它们了解不够，或者根本没有了解，处于无知状态，从博弈的角度上讲，无形中高估、放大了对手的能力，贬低了自身的能力，是失去自信心，不相信自己能战胜对手所造成的。

我们再来看看这个实验。

一天，几个学生向一位著名的心理学家请教：心态对一个人会产生什么样的影响？他微微一笑，什么也没说，就把他们带到一间黑暗的房子里。在他的引导下，学生们很快就穿过了这间伸手不见五指的神秘房间。接着，心理学家打开房间里的一盏灯，在这昏黄如烛的灯光下，学生们才看清楚房间的布置，不禁吓出了一身冷汗。原来，这间房子的地面就是一个很深很大的池子，池子里蠕动着各种毒蛇，包括 1 条大蟒蛇和 3 条眼镜蛇，有好几条毒蛇正高高地昂着头，朝他们"嗞嗞"地吐着信子。就在这蛇池的上方，搭着一座很窄的木桥，他们刚才就是从这座木桥上走过来的。

心理学家看着他们，问："现在，你们还愿意再次走过这座桥吗？"大家你看看我，我看看你，都不作声。过了片刻，终于有 3 个学生犹犹豫豫地站了出来。其中一个学生一上去，就异常小心地挪动着双脚，速度比第一次慢了好多倍；另一个学生战战兢兢地踩在小木桥上，身子不由自主地颤抖着，才走到一半，就挺不住了；第三个学生干脆弯下身来，慢慢地趴在小桥上爬了过去。

"啪"，心理学家又打开了房内另外几盏灯，强烈的灯光一下子把整个房间照耀得如同白昼。学生们揉揉眼睛再仔细看，才发现在小木桥的下方装着一道安全网，只是因为网线的颜色极暗淡，他们刚才都没有看出来。心理学家大声地问："你们当中还有谁愿意现在就通过这座小桥？"学生们没有作声，"你们为什么不愿意呢？"心理学家问道。"这张安全网的质量可靠吗？"学生心有余悸地反问。

心理学家笑了："我可以解答你们的疑问，这座桥本来不难走，可是桥下的毒蛇对你们造成了心理威慑，于是，你们就失去了平静的心态，乱了方寸，慌了手脚，表现出各种程度的胆怯。心态对行为当然是有影响的啊。"

其实人生何尝不是如此？当我们面对各种挑战的时候，失败的原因往往不是因为势单力薄，不是因为智能低下，也不是没有把整个局势分析透彻，而是因为把困难看得太清楚了、分析得实在太透彻、考虑得实在太详尽，最终是被困难吓倒了，感觉自己举步维艰。人们常说："知己知彼，百战不殆。"这是为了给自己多加几成胜算，但它绝对不能成为阻碍自己成功的障碍。其实有的时候，战胜恐惧就是战胜自己，只要拿出自己的勇气去做，也许那些缠绕在心中的恐惧就烟消云散了。

那么，落实到具体方法上，我们该怎样去训练自己排除心中的恐惧感呢？大家知道，恐惧是一种客观刺激的反应，所以我们完全可以通过对客观认识的重新调整和训练，使自己的心理状态发生变化。我们可以从以下几个方面入手：

1. 树立正确的人生观

人生观直接影响着人对事物的看法。打个比方，假如说我们将名利富贵看得过重，那么就很容易产生不安感，当我们看重的东西受到威胁或是已经失去时，我们就会感觉天塌下来了一样，由此很容易放任自流，浑浑噩噩地混日子。假如说我们能够树立一种正确的人生观，以服务大众为己任，将个人荣辱放到社会之中，这样"无私便能无畏"，面对任何事情我们也就都能泰然处之。

2. 强迫自己直面恐惧

我们要去习惯那些令我们产生恐惧的东西，不管它是实物还是某些困难，要敢于去触碰它、挑战它。当我们习惯直面恐惧以后，我们就会发现"凡此种种，不过如此"。打个比方，有许多人惧怕当众发言，后来硬着头皮上去了，并且得到了大家的鼓励和认可，有过一两次这样的经历，他们就不会再惧怕当众发言了，整个人也变得自信而落落大方起来。

3. 强化能力

我们对于某些情景、某些困难深感不安，是因为我们自认缺乏解决它的能力，不明其理，便不知其解。其实我们只要能够不断强化自己的能力，对自己所面对的情景或困难形成一个客观的认知，找到解决它的方法，我们就会逐渐变得无畏起来。

事实上，恐惧不是什么可怕的魔鬼，但它总是会在我们的心里作祟，使我们的内心焦躁不安。也许有些恐惧的事情已经困惑了你很多年，但作为一个成年人，我们现在最需要的是向这些恐惧告别。我们必须战胜自己，必须相信自己的能力。拿出自己的勇气吧！因为除了我们自己，没有任何人可以帮助我们战胜这一切。

谨记！天生我材必有用

李白在屡受挫折后，发出这样一声长啸："天生我材必有用，千金散尽还复来！"很多人朗读此句时，都能感受到诗人那无尽的豪迈与自信，同时也会带着些许的自我安慰。其实正如李白所言，每个人来到世界上，都会有其独特之处，都会存在其独特的价值。由此可以说，每个人在世界上都是独一无二的，每个人都有其"必有用"之才。只是，也许有时才能藏匿得很深，需要我们全力去挖掘；有时我们的才能又得不到别人的认可……但我们决不能因此否认自己的才能，更不能因为生活中的挫折、失败而怀疑自己的能力，就此失去信心，一蹶不振。

综览古今中外，你会发现，很多知名人士都曾有过与你一样的痛苦经历——他们亦曾被老师、同事，甚至是家人所阻挠，众人否定他们的才能，断言他们绝不可能做成自己想做的事，但是他们对自己的才能从未有过一丝怀疑，他们矢志不移地坚持着，最终将自己的才能发挥得淋漓尽致。

达尔文的父母希望儿子成为神父，可达尔文热衷于生物，他令父母失望了，但他始终坚持自己在生物方面的过人才能。他找到了自己正确的位置，终于写下了不朽的名著《进化论》，因此流芳百世。试想，倘若他唯父母之命是从又会怎样？

当艾利斯·赫利还是一个不出名的文学青年时，4年内，平均每周他都会收到一封退稿信。后来，艾利斯几欲停止《根》这部著作的撰写，自暴自弃。他感到自己壮志难酬，空负其才，于是准备跳海轻生。当他站在船尾，面对滚滚浪涛时，突然听到所有已故亲人都在呼唤："你要做自己该做的，因为我们都在天国凝视着你，不要放弃！你行的，我们期盼着你！"几周以后，《根》这部著作终于完成了。

艾尔伯特·爱因斯坦的博士论文被波恩大学"打了个大大的叉"，原因是论文离题且通篇奇思怪想。爱因斯坦为此感到沮丧，但并没有失去信心。

伍迪·艾伦——奥斯卡最佳编剧、最佳制片人、最佳导演、最佳男演员、金像奖获得者，他在大学时英语竟然不及格。

利昂·尤利斯，作家、学者、哲学家，却曾3次没有通过中学的英文考试。

美国著名画家詹姆斯·惠斯勒曾因化学不及格而被西点军校开除。

"篮球之神"迈克尔·乔丹曾被所在的中学篮球队除名。

温斯顿·丘吉尔被牛津大学和剑桥大学以其文科太差而拒之门外。

……

事实证明，即使是如今已被公认的天才，曾几何时也曾遭到众人的质疑，也曾受到过各种打击。值得庆幸的是，他们没有被打击、被挫折、被失败所折服，他们始终相信自己的能力。也正因为此，他们才能取得令人仰视的成就，才将自己的名字深深刻在了历史的丰碑之上。

然而，我们之中的一些人却常常在遭遇失败以后开始自我贬低、自甘堕落，甚至逢人便说自己是个失败者。这真的很不应该。要知道，没有人是废物，更何况即便是所谓的废物也是有它自身的利用价值的，将废物合理利用，不是同样可以变废为宝吗？记住李白的那句诗："天生我材必有用！"这绝不是失望后的自我慰藉，其中饱含对自我、对个人价值的绝对肯定，这又是何等的自信。

我们需要在自己的心中激起这份豪迈，这就要求我们务必做到以下两点：

1. 绝不用世俗的眼光看待自己

世界是一个多角度的球体，换一个角度，或许我们就可以找到自己的人生焦点。请永远相信"天生我材必有用"，在拼搏奋斗中实现自己的价值。

2. 绝不要自暴自弃

无论我们目前处于怎样的低谷，都不要放弃自己。要相信自己，我们既然来到这个世界上，就是带着某种使命的，就是有一定道理的，而绝不仅仅是为了吃喝拉撒睡。

即便你是一个清洁工，也不要认为自己的工作有多低贱，你完全可以向着世界呐喊：没有我们，地球会变得何等肮脏！无论你从事哪一行业，送水的、卖茶的，还是通下水的，都不要轻贱自己。你要记住，除了心的贵贱以外，身份是没有贵贱之分的，每个人从事着不同的工作，都是在为这世界作贡献，只是各人分工有所不同而已。

毫无疑问，这个世界上的每一个人，乃至一草一木都有着自己的价值，即使是一片落叶，也承担着"化作春泥更护花"的责任；就算是一只无脚鸟，也在履行着飞翔的义务；哪怕是一个漂泊在外的游子，也是在为自己的前途、自己的亲人奔波。事实上，根本没有人是多余的，也没有人是废物，只是能力不同，所以责任不同而已。一如李白所言——"天生我材必有用，千金散尽还复来"！

坚定你的信念与梦想

一个自幼生活在非洲、从未出过远门的年轻人，为了实现自己的梦想，一路步行来到美国，这份毅力简直不输于狼。

勒格森·卡伊拉，当时他只有十六七岁，带着 5 天的粮食、一本《圣经》和《天路历程》、一把用于防身的小斧头、一块毯子，从家乡尼亚萨兰（今马拉维）向北穿过东非荒原到达开罗，在那儿他可以乘船到美国，开始他的大学教育。

勒格森的旅程源自一个梦想——他希望能像心目中的英雄亚伯拉罕·林肯、布克·T. 华盛顿那样，为他自己和自己的种族带来尊严和希望；能像心目中的英雄一样，为全人类服务。不过，要想实现这个目标，他必须去接受最好的教育，他知道那必须前往美国。

他未曾想过自己毫无分文，也没有任何办法支付船票。

他未曾想过要上哪所大学，也不知道自己会不会被大学所接受。

他未曾想过这一去便要走 4828 千米之遥，途经上百部落，说着 50 多种语言，而他，对此一窍不通。

他什么都未多想，只是带着自己的梦想出发了。在崎岖的非洲大地上艰难跋涉了整整 5 天，格勒森仅仅行进了 40 千米。食物吃光了，水也所剩无几，他身无分文。要继续完成后面的 4787 千米似乎不可能了。但他知道，回头就是放弃，就是要重归贫穷和无知。他暗暗发誓：不到美国我誓不罢休，除非我死了。

他大多时候都席地幕天，依靠野果和植物维生，艰难的旅途生活使他变得又瘦又弱。

一次，他发了高烧，幸亏好心人用草药为他治疗，才不致有生命危险，这时的勒格森几欲放弃，他甚至说："回家也许会比继续这似乎愚蠢的旅途和冒险更好一些。"但他并没有这样做。

两年以后，他走了近 1609 千米，到达了乌干达首都坎帕拉。此时，他的身体也在磨炼中逐渐强壮起来，他学会了更明智的求生方法。他在坎帕拉待了 6 个月，一边干点零活，一边在图书馆贪婪地汲取知识。

在图书馆中，他找到一本关于美国大学的指南书，其中一张插图深深吸引了他。那是群山环绕的"斯卡吉特峡谷学院"，他立即给学院写信，述说自己的境况，并向学院申请奖学金。斯卡吉特学院被这个年轻人的决心和毅力感动了，他们接受了他的申请，并向他提供奖学金及一份工作，其酬劳足够支付他上学期间的食宿费用。

勒格森朝着自己的理想迈进了一大步，但更多的困难仍阻挡着他。

要去美国，勒格森必须办下护照和签证，还需证明他拥有可往返美国的费用。勒格森只好再次拿起笔，给童年时教导过自己的传教士写了封求助信，护照问题解决了，可是勒格森还是缺少领取签证所必须拥有的那笔航空费用。但他并没有灰心，他继续向开罗行进，他相信困难总有办法解决。他花光了所有积蓄买来一双新鞋，以使自己不至于光着脚走进学院大门。

正所谓"苦心人，天不负"，几个月以后，他的事迹在非洲以及华盛顿佛农山区传得沸沸扬扬，人们被他这种坚毅的精神感动了，他们给勒格森寄来650美元，用以支付他来美国的费用。那一刻，勒格森疲惫地跪在了地上……

经过两年多的艰苦跋涉，勒格森终于如愿进入了美国的高等学府，仅带着两本书的他骄傲地跨进了学院高耸的大门。

故事到这里还没有结束，毕业后的勒格森并没有停止自己的奋斗，他继续深造，最后成为英国剑桥大学的一名权威学者。

换作是你，能做得到吗？从遥远且交通不发达的非洲一路艰辛跋涉、风餐露宿、食不果腹，完全是凭着毅力实现了梦想。倘若人人都有这种精神，世界上还有什么事情能够难倒我们？正所谓"性格决定命运"，每个人的性格对成就自己一生的事业都是相当重要的，性格坚强者，会无所畏惧地去做艰难之事；胆怯者只能一步一步避开困难，让自己畏缩在"鸟语花香"之中。这些性格的差异，直接导致成功或失败。

有人总将别人的成功归咎于运气。诚然，是有那么一点点运气的成分，但运气这东西并不可靠，你见过哪一个英雄是完全依靠运气成功的？而执着，却能使成功成为必然！执着，就是要我们在确立合理目标以后，无论出现多少变故，无论面对多少艰难险阻，都不为所动，朝着自己的目标坚定不移地走下去。一个人若想好好地生存，就需要这种忍耐与坚持。

这个世界虽然瞬息万变，但"弱肉强食"的定律永远不会变，你不强，就只能被淘汰，没有人能够例外！想要变强，你就要像狼一样，牢牢守住目标，用尽所能办成你想要办成的事。

这不单单只是一种想法，你必须将其付诸行动，在接近目标的过程中，你要有"千里追捕"的毅力与耐性，才能最终将猎物纳入囊中。否则，想法也就只是一种想法而已。

正如马云所说的那样："在追求成功的道路上，每一分钟我们都有可能遇到困难。也许今天很残酷，而明天更残酷，但后天则会很美好，而许多人却在明天晚上选择了放弃，所以看不到后天的太阳。容易放弃的人是得不到最后的阳光的。""骐骥一跃，不能十步；驽马十驾，功在不舍。"成功绝非一蹴而就的事情，关键在于你能否持之以恒。当困难阻碍你前进的脚步之时，当打击挫伤你进取的雄心之时，当压力令你不堪重负之时，不要退避，不要放弃，不要驻足不前，而要咬定青山不放松，只有这样你才会理所当然地获得认同与成功。

那么，究竟要怎样，我们才能令自己像狼一样的坚韧不拔呢？

首先，你要有足够的自信。认可自己、肯定自己，相信自己的能力。你可以在心里默默地告诉自己：我就是一匹狼，只要是我认定的目标，那就是我的！

其次，不要让别人的意见左右你。只要你认为自己是对的，你觉得自己的目标是现实的、可行的，那么就不要理会别人的评价。你可以去参考他们的意见，但一定要有自己的主见，别让外界因素束缚你的思想、阻碍你的行动。

若能如此，相信你坚定自己的信念与梦想就不是什么难事。

有道是，天道酬勤！其实，上帝对于每一个人都是公平的，就看你以怎样的态度去接受他的赠予。那些有所成就的人杰，每每提到早年经历的苦难之时，总是报以一种感谢的态度，他们感谢曾经的苦难，更感谢曾经的坚持，因为正是苦难与坚持成就了他们。

运气这东西人人都会有，但上帝不会告诉你它何时来到，有些人时运来得早一点，相对煎熬就少一点；有些人时运到来得晚一点，经历的苦难也就多一些。但有一点是相同的——要想转运，就必须不断努力，再苦再累也不放弃，再痛再难也要咬紧牙挺过来，否则运气不会眷顾于你。

胸怀大志的人坚定、执着而又乐观，他们从不认为成功可以一蹴而就、手到擒来。他们深知，成功无非是挫折与失败下一次次忍耐与坚持的结果。他们执着于自己的信念，并在实现成功的过程中不断汲取营养、丰富自己。他们淡定而自信，并在坚持中学会忍耐，在忍耐中学会等待，在等待中迎来成功。

有信心的人没有瓶颈

在生活中，我们每个人不可避免地会遭遇某些瓶颈，如果能够找到症结所在并竭力突破，那么冲出之后便会海阔天空。如果不尝试突破自己，瓶颈就会变成铁闸，限制我们的进步和发展。

听渔民们讲过这样一件趣事。

据他们说，成年章鱼的体重可达 70 磅，如此一个庞然大物，却拥有极度柔韧的躯体，若是它愿意，几乎能够将自己塞进任何一个地方。

章鱼最喜欢的事情，莫过于藏身海螺壳之中，待鱼虾靠近，突然发出致命一击——咬住它们的头部，瞬息注入毒液，然后美美地享用一顿。针对章鱼的天性，渔民们想出了一个绝招——用绳索将很多小瓶子串联在一起，投入海底。章鱼们一发现小瓶子，便趋之若鹜，最后成了他们的"囚徒"。

事实上，将章鱼困住的并不是瓶子，而是它们自己。瓶子是死物，它不会主动去囚禁章鱼，反而是它们喜欢往狭小的洞口里钻，最终葬送了卿卿性命。

现实生活中，很多人的思想正与章鱼一样，他们一旦遭遇瓶颈，只知道将自己困于瓶底，却不懂得去突破、去争取，久而久之，他们的思想越来越狭窄，逐渐失去了原有的光芒。

西方有句名言："一个人的思想决定一个人的命运。不敢向高难度的工作挑战，是对自身潜能的束缚，只能使自己的无限潜能浪费在无谓的琐事之中。与此同时，无知的认识会使人的天赋减弱，因为懦夫一样的所作所为，不配拥有生存状态之下的高层境界。"

事实上，一个人只要勇于突破自己的心态瓶颈，突破极限约束的阻碍，成功就不会太远。

举重项目之一的挺举，有一种"500 磅（约 227 公斤）瓶颈"的说法，也就是说，以人体极限而言，500 磅是很难超越的瓶颈。499 磅纪录保持者巴雷里比赛时所用的杠铃，由于工作人员失误，实际上已经超过了 500 磅。这个消息发布以后，世界上有 6 位举重好手，在一瞬间就举起了一直未能突破的 500 磅杠铃。

一位撑竿跳选手苦练多年亦无法越过某一高度，他失望地对教练说："我实在是跳不过去。"

教练问道："你心里在想什么？"

他回答："我一冲到起跳位置，看到那个高度，就觉得自己跳不过去。"

教练告诉他："你一定可以跳过去。把你的心从竿上摔过去，你的身子也一定会跟着过去。"

他撑起竿又跳了一次，果然一举跃过。

心，可以超越困难、突破阻挠；心，可以粉碎障碍；心，最终必会达到你的期望。然而，成功的最大障碍往往又是你的心！是你面对"不可能完成"的高度时，心为自己设定的瓶颈。

勇于向极限挑战，这是获得高标准生存的基础。现实之中，很多人如你一样，虽然才华横溢、能力不俗，却具有一个致命弱点——缺乏挑战极限的勇气，只愿做人生中的"安全专家"。对于偶尔出现的"大障碍"、"大困难"，他们不会主动出击，而是觉得"不可能克服"，因而一躲再躲，畏缩不前。结果，终其一生也未能成事。

勇士与懦夫在世人心目中的地位有着天壤之别。勇士受人尊崇，走到哪里都能闯出一片天地；懦夫遭人冷眼，不受待见，很难得到重用。一位企业老总在描述自己心目中的理想员工时，曾这样说道："我们所急需的人才，是有奋斗、进取精神，勇于向'不可能完成'的任务挑战的人。"可见，勇于向"瓶颈"挑战的人，如同"明星"一般，是人们争相抢夺的"珍品"。

在当今这个竞争激烈的大环境下，如果你一直以"安全专家"自居，不敢向自己的极限挑战，那么在与"勇士"的对抗中，就只能永远处于劣势。当你羡慕，甚至是忌妒那些成功人士之时，不妨静心想想——他们为何能够取得成功？你要明白，他们的成功决不是幸运，亦不是偶然。他们之所以有今天的成就，很大程度上，是因为他们敢于向"瓶颈"挑战。在纷扰复杂的社会上，若能秉持这一原则，不断磨砺自己的生存利器，不断寻求突破，你就能够占有一席之地。

渴望成功——这是每一个人的心声。若想实现自己的抱负，从现在开始，你就不能再躲避，更不要浪费大把的时间去设想最糟糕的结局，不断重复"不能完成"的念头，因为这等于是在预言失败。

想要从根本上克服这种障碍，走出"不可能"的阴影，跻身于上流社会，你必须拥有足够的自信，用信心支撑自己完成别人眼中"不可能完成"的事情。

当然，在灌注信心的同时，你必须了解其"不可能"的原因，看看自己是否具备驾驭能力，如果没有，先把自身功夫做足、做硬，"有了金刚钻，再揽瓷器活儿"。要知道，挑战"瓶颈"只会有两种结果——成功或是失败，而两者往往只是一线之差，这不可不慎。

总而言之请记住，极限绝非不可逾越，不可逾越的只有我们心中的那道坎。我们如果想提升自己的价值，改变自己的生存环境，就必须努力去跨越这道坎。这样，我们的人生才不至于黯淡无光。

第三章
不能得过且过，你要拿出气魄

人生绝对不是能够得过且过的事，要非常努力和用心，才能收获圆满的结局。所以，我们需要拿出点气魄，要为自己打造成功者的心态，在这种心态的支撑下，我们才能树立起高标准的人生目标，并矢志不移地为之努力、奋斗，这才是一个人该持有的心态和人生。

懦夫怕死，但其实早已不再活着

前些年，付笛声老师的一首《中国志气》曾经红遍大江南北，它能够如此动人心弦，不仅仅是因为激昂的旋律以及付老师扎实的唱功，还有那志气昂扬的歌词。这首歌的歌词是这样的：祖先叫我要无愧那后人，爹娘叫我要对得起先人，我自个儿叫我要站着做人，鲤鱼那个跳龙门，跳过去我就是那龙的传人。中华好儿孙落地就生根，脚踏三山和五岳，手托日月和星辰，来带一腔血，去带清白身，活着给祖先争口气誓不留悔恨，有啥也别有病，没啥也别没精神，人有精神老变少，地有精神土生金，宁肯咱少长肉，瘦也得先长筋，男儿膝下有黄金，只跪苍天和娘亲。有啥也别有病，没啥也别没精神，人有精神老变少，地有精神土生金，宁肯咱少长肉，瘦也得先长筋，堂堂七尺男儿身，顶天立地掌乾坤！

毫无疑问，这就是对"好男儿"最好的诠释。当然，如今的社会男女平等，无论是男是女，我们都在追求着梦想，追求着成功，从这个意义上说，这首歌应该是对所有中华儿女的一种激励。也就是说，你的性别并不重要，但只要你有精气神在，你顶天立地做人的追求不变，那么你就是"大丈夫"或是"女豪杰"。相反，倘若你对自己的人生失去了信念，自暴自弃，甚至任人鱼肉，那么别人就只会视你为懦夫。

懦夫惧怕一切，怕压力、怕竞争，在对手或困难面前，他们往往不会坚持，而选择回避或屈服。懦夫也有自尊，但他们常常更愿意用屈辱来换回安宁。

当初，宋太祖赵匡胤肆无忌惮，得寸进尺地威胁欺压南唐。镇海节度使林仁肇有勇有谋，听闻宋太祖在荆南制造了几千艘战舰，便向李后主奏禀，宋太祖是在图谋江南。南唐忠君人士获知此事后，也纷纷向他奏请，要求前往荆南秘密焚毁战舰，破坏宋朝南犯的计划。可李后主却胆小怕事，不敢准奏，以致失去防御宋朝南侵的良机。

后来，南唐国灭，李后主沦为阶下囚，其妻小周后常常被召进宋宫，侍奉宋皇，一去就得好多天才能放出来，至于她进宫到底做些什么，作为丈夫的李后主一直不敢过问。只是小周后每次从宫里回来就把门关得紧紧的，一个人躲在屋里悲悲切切地抽泣。对于这一切，李后主忍气吞声，把哀愁、痛苦、耻辱往肚里咽。实在憋不住时，就写些诗词，聊以抒怀。

李煜虽然在诗词上极有造诣，然而作为一个国君、一个丈夫，他是一个懦夫，是一个失败者。

对于胆怯而又犹疑不决的人来说，获得辉煌的成就是不太可能的，正如采珠的人如果被鳄鱼吓住，是不能得到名贵的珍珠的。事实上，总是担惊受怕的人不是一个自由的人，他总是会被各种各样的恐惧、忧虑包围着，看不到前面的路，更看不到前方的风景。正如法国著名的文学家蒙田所说："谁害怕受苦，谁就已经因为害怕而在受苦了。"懦夫怕死，但其实，他早已经不再活着了。

做人，就要做得有声有色、堂堂正正、顶天立地，无论你内心感觉如何，都要摆出一副赢家的姿态。就算你落后了，保持自信的神色，仿佛成竹在胸，会让你心理上占尽优势，而终有所成。

我们来看看这个故事。

两个国家因边境问题发生冲突，强国首相接见了来访的小国大使，小国大使的话充满了威胁："让步吧！我们兵强马壮，惹我们的人没好下场。"强国首相哈哈大笑："我们要比你们强大 100 倍。"

小国大使仍不示弱，继续恐吓对方："我国有 25000 人的精良部队，能够占领贵国。"

强国首相大笑："我们拥有的军队，人数多过你们 100 倍。"

谈判至此，小国大使显露慌张神色，表示必须先向国内请示之后，方能再继续谈下去。

当双方再度展开谈判时，小国大使的态度有了 180 度的转变，趋向妥协，转为向大国求和。

强国首相诧异对方的改变，以为小国受到己方国力强盛的震慑，故而细问小国大使求和的原因。

小国大使神色自若地回答："不是我们惧怕你们的兵力，而是我们的国土太小，实在容纳不下 250 万名的战俘。"这个故事听起来有点可笑，但从小国大使的身上你却更能够看到一种姿态，一种必胜的姿态。

有自信的人，从未想过失败。即使是像这个小国，实力如此薄弱，却依然考虑的是战胜后，狭窄的国土是否容纳得下为数众多的战俘。谁说弱者必败？

世上没有任何绝对的事情，懦夫并不注定永远懦弱，只要他鼓起勇气，大胆向困难和逆境宣战，并付诸行动，依然可以成为勇士。正像鲁迅所说："愿中国青年都摆脱冷气，只是向上走，不必听自暴自弃者说的话。能做事的做事，能发声的发声，有一分热，发一分光，就像萤火一般，也可以在黑暗里发一点光，不必等待炬火。"

要知道，对自己有绝对信心的人，可以克服任何困难与挫折。他们的眼光，只定位在成功的一方；信心正确地引导着他们，一路披荆斩棘奋勇直前。做人，少什么也不能少了自信，缺什么也不能缺了骨气，是做大丈夫还是做懦夫，完全在于你的选择。

心底始终保留一些不安分的骚动

其实有时候，眼高于顶也不错，因为眼高于顶的人才会更有斗志。当然，这里所说的眼高于顶，并不是指以倨傲的态度去对待别人，而是主张人应有高远的追求。人人都愿意获得满意的结局，而一旦志得意满，一个人往往会失去奋斗的动力，从这一点上说，心底里始终保留一些不安分的骚动，会给自己存下一点迈向更大志向的激情。

人人头上一片天，脚下一块地。要想天高地阔，必须始终追求更高远的志向。志愿是由不满而来。有开始，便有一种梦想，接着是勇敢地去面对，努力地工作去实现，把现状和梦想中间的鸿沟填平。人长大以后，就应该认清自己现在是什么人、将来想做什么人。给自己设定一个可行又不乏高远的目标，刺激自己把握好人生的每一步，并一步步向着更高的目标推进。

常言道："宁为鸡首，不为凤尾。"就是激励人们去开创一片属于自己的天地。其实这也是一种不甘受制于人的强烈的自主意识。这种自主意识体现着一种不肯甘居人后的强烈的进取精神，也是一个人敢于冒险开拓的超人魄力的具体体现。这种自主意识，也正是一个可能取得大成就的人必不可少的素质。

红顶商人胡雪岩幼年即入钱庄，从倒便壶提马桶干起，仗着脑袋灵光，没几年就坐到"档手"位置，相当于现在的银行办事员。少年得志、风流倜傥，日子过起来也好不逍遥自在。

然而，青年胡雪岩对于钱财看得开、看得准，逻辑异于常人，胸襟开阔、手笔恢宏、胆识过人，后来终能发光发热，成就清代第一富商。要是他也和其他钱庄档手一般小家子气，恐怕他下半辈子也不过是继续在钱庄里，每日在"孔方兄"间打转，一辈子没什么起色。

要求有一片属于自己的天地，正是胡雪岩立足商界、不断地打开市场，最终成为一流大商贾的内在动力。

其实，起初胡雪岩只是信和钱庄的一个学徒。胡雪岩父死家贫，自小就到钱庄当学徒，从扫地倒便壶开始做起。由于他勤快聪明，熬到满师，便成了信和的一名伙计，专理跑街收账。当时不过 20 来岁的胡雪岩实在是有些胆大妄为，竟然自作主张，挪用钱庄银子资助潦倒落魄的王有龄进京捐官，不仅自己在信和的饭碗丢掉了，且因此一举，还使自己在同行中"坏"了名声，再没有钱庄敢雇用他，以至落魄到靠打零工糊口的地步。

好在天无绝人之路，王有龄得胡雪岩资助进京捐官，一切顺利，回到杭州，很快便得了浙江海运局座办的肥缺。王有龄知恩图报，一回到杭州就四下里寻访胡雪岩的下落，即便自己力量有限，也要尽力帮他。

重逢王有龄，因资助王有龄留下的恶名自然消除，这时的胡雪岩起码有两个在一般人看来相当不错的选择：一是留在王有龄身边帮王有龄的忙，而且，此时的王有龄确实需要帮手，也特别希望胡雪岩能够留在衙门里帮帮自己。依王有龄的想法，适当的时候，胡雪岩自己也可以捐个功名，以他的能力，肯定会有腾达的时候。胡雪岩的另一个选择是回他做过伙计的信和钱庄，以他此时的条件，回信和必将被重用，实际上，信和"大伙"张胖子收到王有龄听从胡雪岩的安排还回 500 两银子之后，已经做好了拉回胡雪岩、让出自己的位子的打算。他找到胡雪岩的家人，恳请胡雪岩重回信和，甚至将胡雪岩离开信和期间的薪水都给他带去了。

这两条路胡雪岩都没有走。混迹官场本来就不是胡雪岩的兴趣所在，他当然不会走这一条路，帮王有龄他自然不会推辞，但最终还是要干出一番属于自己的事业。而回到信和，也就是胡雪岩说的"回汤豆腐"，他自然更不会去做。这里其实也不仅仅是"好马不吃回头草"的问题，关键在于，这"回汤豆腐"做得再好也不过做到"大伙"为止，终归不过是一个"二老板"，并不能事事由自己做主。

"自己做不得自己的主，算得了什么好汉？"胡雪岩要的就是自己做主。所以他一上手就要开办自己的钱庄；事实是，这时的胡雪岩连一两银子的本钱都还没有，他不过是料定王有龄还会外放州县，以他自己的打算，现在有个几千两银子把钱庄的架子撑起来，到时可以代理官库银钱往来，凭他的本事，定能发达。

这就是气魄，一种强烈的要在商场上自立门户、纵横捭阖、开疆拓土、驰骋一方的气魄。

这种强烈的自主意识，还是胡雪岩能够不断开拓自己事业的基础。如果一个人根本没有想过自立门户，这个人只能永远原地踏步，或者说，跟着别人做一点小生意。

其实生活中，很多人不是没有想法，而是缺乏胆量、缺少自信。到了一定的年纪，他们不敢接受改变，与其说是安于现状，不如坦白一点，那是没有勇气面对新环境可能带来的挫折和挑战。这些人最终只会是一事无成。

毋庸置疑，我们每个人都想拥有一片宽阔的人生舞台，但我们首先必须清楚，自己要的是一个什么样的舞台。一个人活得没有志气，最突出的表现就是没有人生目标。没有目标就好像走在黑漆漆的路上，不知自己将走向何处。而所谓的目标，就是你对自己未来成就的期望，确信自己能达到的一种高度。目标为我们带来期盼，刺激我们奋勇向上。当然，在为达到目标而努力奋斗的过程中可能遭遇挫折，但仍要坚定信念、精神抖擞。

这也就是说，我们要对自己的价值理念做好定向，如果个人对价值理念缺乏定向，往往会导致个人对现存社会价值观念产生怀疑和不满，无法确信生活的意义而使自我迷失。每个人到了老年都会反省过去的一生，将前面的生命历程整合起来，评估自己的一生是否活得有意义、有价值，是否已达到自己梦寐以求的目标。如果认为自己拥有独特的并且有价值的一生，便会觉得一生完美无缺、死而无憾，而且由经验中产生超然卓越的睿智，更能无惧地面对死亡。相反，如果否定自己一生的价值，便会对以往的失败悔恨，余生充满悲观和绝望。因此，不要怀疑自己，更不要否定自己！因为，无论如何，世界上只有一个你，你是独一无二的。"三军可夺帅，匹夫不可夺志。"别人否定你并不可怕，自己决不要否定自己。"人皆可以为尧舜"、"众生平等，皆可成佛"，如果把尧、舜、佛理解为能参悟宇宙规律的大师，那么这些话可以理解为在真理面前人人平等，人人都能创造！

宁做鸡首，不做凤尾！我们做人就要有胡雪岩那样的气魄，时刻让心中燃着一股斗志，不要轻易否定自己的价值。人来到这个世界，就是来走上帝所赠予我们的路。这是一种幸运，不是吗？不管是遍地荆棘，还是到处是花，我们都同样地来到这个世界。同呼吸，同看日出日落。

大人物有大人物的追求，小人物有小人物的向往。而不管你是一个什么样的人，都不应怀疑自我的价值。

持有成功者的心态

　　有道是：性格决定人生，心态成就命运。一个人想要成就大事，首先就要有成为大人物的心态。立志是一个人对人生执着的追求，也是一种渴望，更是一种争取人生有所为的性格反映。就像贝尔博士所说的那样："时刻想着成功、看看成功，心中便有一股力量催人奋进，当水到渠成之时，你就可以支配环境了。"可见，我们要想成为一个成功者，很重要的一点就是时刻保持着成功者的心态，就将自己设定为理想中的模样，只要它是实际的，便以最大的自信和热情去行动，直到成功为止。

　　这里有一段史事，相信会对大家有所启发。

　　李斯少年时家境窘迫，曾做过掌管文书的小吏。据说，有一次李斯方便时，恰巧看到老鼠偷吃粪便，人与狗一来，老鼠便慌忙逃窜。不久之后，他在官仓内又看到了老鼠，这些老鼠整日大摇大摆地吃着粮食，长得肥头大耳，生活得安安稳稳，根本不必担惊受怕。两相比较，李斯感慨顿生："人之贤与不肖，譬如鼠矣，在所自处耳！"意思是说，人有能与无能就好像老鼠一样，全靠自己想办法，有能耐就要能做官仓之鼠！

于是，李斯立志要成为"官仓鼠"，他辞去小吏一职，前往齐国向当时著名的儒学大师荀子求学。荀子虽继承了孔子的儒学，也打着孔子的旗号讲学，但他对儒学进行了较大的改造，少了些传统儒学的"仁政"主张，多了些"法治"的思想，这很合李斯的胃口，李斯十分勤奋，与荀子一起研究"帝王之术"，即怎样治理国家、怎样当官的学问，学成之后，他便向荀子辞别，准备前往秦国。

荀子问及缘由，李斯回答：人生在世，贫贱乃最大耻辱，穷困为最大悲哀，若想令人高看，就必须干出一番事业。齐王昏庸暗弱，楚国无所作为，只有秦王龙盘虎踞、雄心勃勃，准备伺机并齐灭楚，一统天下，因此，秦国才是成就事业的好地方。如果留身齐、楚之地，不久即成亡国之民，还有什么前途可言？

李斯来到秦国，投入极受太后倚重的丞相吕不韦门下，凭借才干，很快就得到了吕不韦的器重，成了一名小官。官虽不大，却不乏接近秦王的机会，仅此一点，就足够了。处在李斯的位置，既不能以军功而显，亦不能以理政见长，他深深知道，要想引起秦王注意，唯一的方法就是上书。他观察时局，揣摩秦王心理，毅然上书秦王——凡能成事者，皆能把握时机。秦穆公时期国势虽盛，但终不能一统天下，其原因有二：一、当时周天子实力尚存、威望犹在，不易取而代之；二、当时各诸侯国力量均衡，与秦国不相伯仲，但自秦孝公之后，周天子势力骤减，各诸侯间战争不断，秦国则休养生息，趁机壮大起来。如今国势强盛，大王又英明贤德，扫平六国简直不费吹灰之力，此时不动，又待何时？

这席话分析得可谓合情合理，入木三分，同时又极合嬴政的胃口，李斯终于在秦王面前露了回脸，并被提拔为长史。此后，李斯不仅在大政方针上为秦王出谋划策，还在具体方案上发表意见——他劝秦王大肆挥金，重贿六国君臣，令他们离心离德，不能合力抗秦。这一招果然有效，后来，六国逐一为秦所击破，李斯则最终坐上了丞相的高位。

"粮仓鼠"与"茅厕鼠"的不同际遇，给了李斯很大刺激，使他确定了自己的人生方向——做一只粮仓里的老鼠。李斯其人胸怀大志，而清醒的头脑更为他的志气插上了翅膀，帮助他为自己选择了一个与众不同的人生起点。

一个人只有自己树立了远大性格并为之笃行践履，才有可能使自己成为一个出类拔萃、不流于俗的人，或成为一个有所成就的人。

志存高远，则意味你有赢定局面的机会，有大功告成的可能。这是大多数人的一种理想目标，在这个目标的刺激下，人生就有盼头，就有希望。我们应该将"出类拔萃，不流于俗"作为自己的人生目标，也就是说我们要站在高处看人生，并通过一系列行之有效的手段，达到赢定胜局的目的。

有句话说得好："如果你自诩为奴隶，那你永远不会成为主人！"的确，我们每个人对于成功的追求都不尽相同，但可以肯定的是，无论你怎样解读成功、怎样定义成功，你都必须为自己选择一个明确的目标，因为没有目标、没有想法的人生，必然会一塌糊涂，必然会极度乏味、极度平庸。想要成功，我们就必须把自己定位为成功者，并在这条路上矢志不移地走下去！要知道，是成为"粮仓鼠"还是"茅厕鼠"，这完全在于你的想法，完全取决于你的选择。

塑造致富的头脑与心态

俗话说："想法不对，努力白费。"想法比努力更重要！今天的市场经济，大鱼吃小鱼，更是快鱼吃慢鱼，是观念的更新，是想法的变革，是头脑的竞赛。我们想要改变今天的贫穷局面，首先就要改变想法，学习富人们的赚钱想法。

这是一个真实的故事，我们应该可以从中学习到点什么。

高欣出生于东北一个普通工人家庭。高考落榜，就进了一所职业高中读酒店管理专业，可眼看即将毕业，又因打架被学校开除。高欣的母亲非常失望，当面追问他："明年的今天你干什么？"

18岁那年，高欣离开学校，开始闯荡社会，卖过菜、烤过羊肉串……他慢慢明白了生活的艰辛。第二年，高欣进入一家大饭店工作，这是东北最好的五星级酒店之一。

那一年秋天，香港某富商下榻该饭店，高欣给某富商拎包。饭店举行了一个隆重的欢迎仪式，一大群人前呼后拥着某富商，他走在人群的最后一位。他清楚地记得那两只箱子特别重，人们簇拥着某富商越走越快，他远远地被抛在了后面，气喘吁吁地将李行送到房间，人家随手给了他几块钱的小费。身为最下层的行李员，伺候的是最上流的客人，稍微敏感点儿的心，都能感受到反差和刺激。高欣既羡慕，又妒忌，但更多的是受到激励。"我就想看看，是什么样的人住这么好的饭店，为什么他们会住这么好的饭店，我为什么不能？那些成功人士的气质和风度，深深地吸引着我，我告诉自己，必须成功。"

后来，高欣做了门童。门童往往是那些外国人来饭店认识的第一个中国人，他们常问高欣周围有什么好馆子，高欣把他们指到饭店隔壁的一家中餐馆。每个月，高欣都能给这家餐馆介绍过去两三万元的生意。餐馆的经理看上了高欣，请他过来当经理助理，月薪 800 元，而高欣在饭店的总收入有 3000 多元，但他仍旧毫不犹豫地选择了这份兼职。他看中的并非 800 元的薪水，而是想给自己一个机会。

为了这份兼职，高欣主动要求上夜班。但仅过了 4 个月，高欣的身体和精神都有些顶不住了。他知道鱼和熊掌不能兼得，他必须做出选择。

高欣在父母不解的眼光和叹息中辞职，进了隔壁的餐馆，做一月才拿 800 块工资的经理助理。可事情并没有像当初想象的那么顺利，经理助理只干了 5 个月，高欣就失业了，餐馆的上级主管把餐馆转卖给了别人。

闲在家里，高欣不愿听家人的埋怨，经常出门看朋友、同学和老师。一天，他去看幼儿园的一位老师。老师向他诉苦：我们包出去的小饭馆，换了 4 个老板都赔钱，现在的老板也不想干了。高欣眼中一亮，忙不迭地问："怎么会不挣钱？那把它包给我吧。"于是，高欣用 1000 元起家，办起了饺子馆。

来吃饺子的人一天比一天多，最多的时候，一天营业额超过了 5000 块钱。为了进一步提高工作人员的积极性，高欣想出了一招，将每个星期六的营业额全部拿出来，当场分给大家。这样一来，大家每周有薪水，多的时候每月能拿到 4000 元，热情都很高。一年下来，高欣自己挣了十多万元。

高欣初获成功，他又寻思着更大的发展。几年后，他在火车站开了一家饺子分店。一个客人在上车前对他说："哥们儿，不瞒您说，好长时间以来，今天在这儿吃的是第一顿饱饭。"当时高欣就想，为什么吃海鲜的人，宁愿去吃一顿家家都能做、打小就吃的饺子呢？川式的、粤式的、东北的、淮扬的，还有外国的，各种风味的菜都风光过一时，可最后常听人说的却是，真想吃我妈做的什么粥、烙的什么饼。人在小时候的经历会给人的一生留下深刻印象，吃也不例外。

一有这样的想法，他就着手实施，随即他终于领悟到了自己要开什么样的饭馆了。他要把饺子、炸酱面、烙饼，这些好吃的、别人想吃的东西搁在一家店里，他要开一家大一些的饭店。

他以每年 10 万元的租金包下了一个院子，在院里拴了几只鹅，从农村搜罗来了篱笆、井绳、辘轳、风车、风箱之类的东西，还砌了口灶。"大杂院餐厅"开张营业了。开业后的红火劲儿，是高欣始料不及的，高欣觉得成功来得太快了。300 多平方米的大杂院只有 100 多个座位，米吃饭的人常常要在门口排队，等着发号，有时发的号有 70 多个，要等上很长一段时间才有空位子。大杂院不光吸引来了平头百姓，有头有脸的人也慕名而来，武侠小说大师金庸、中国台湾艺人凌峰等都到大杂院吃过饭。

后来，大杂院的红火已可用日进斗金来形容。每天从中午到深夜，客人没有断过，一天的营业流水在 10 万元以上。3 年下来，有人估算，高欣挣了 1000 万元。

想法决定一个人的活法。天是同一个天，地是同一个地，一样的政策，甚至一样的学历，一样的班级、一样的年纪，为什么有些人可以月赚万元乃至数十万元，有些人却只能保持温饱？许多人百思不得其解，总是认为自己运气不佳。其实金钱来源于头脑，财富只会往有头脑的人的口袋里钻，正所谓"脑袋空空，口袋空空；脑袋转转，口袋满满"。人与人的最大差别是脖子以上的部分。

有人长期走入赚钱的误区，一想到赚钱就想到开工厂、开店铺，这一想法不突破，就抓不住许多在他们看来不可能的新机遇。真正想一想，成功与失败，富有与贫穷，其实只不过是一念之差。

正视自己，扬长避短

曾听过这样一个故事，很有趣，也很有寓意。

有一只狐狸总是百般掩饰自己的短处。它想抓野鸭，但野鸭飞走了，它说："我看它太瘦，等以后养肥了再说。"它到河边捉鱼，被鲤鱼扫了一尾巴，它说："我根本不想捉它，捉它还不容易？我只是想利用它的尾巴来洗洗脸。"话没说完，它脚下一滑，掉进了河里，同伴见状打算救它，它说："你们以为我遇到危险了吗？不，我是在游泳……"说着说着，它便沉了下去。这时同伴们说："走吧，它又在表演潜水了。"

大家或许觉得这只狐狸很可笑又很可悲，但我们有没有发现，其实它和我们之中的一些人颇为相似。我们有时也是这样自欺欺人，生活在自我构造的"完美"世界之中，认为自己的缺点见不得光，不敢去面对，于是极力掩饰。

其实，这个世界上没有人一无是处，更没有人会十全十美。尺有所短，寸有所长，人有缺点，也必有优点。很多人自卑，觉得自己这也不好，那也不好，什么都不如人家，恰恰是因为他们在看自己时，眼中就只有缺陷，那么拿自己的缺陷去比较人家的长处，当然相形见绌；又有一些人很是自负，觉得自己简直无可挑剔，就是因为他们只能看到自己的优点，而看别人时又只看缺点，于是便开始飘飘然不知所以；还有一些人便如故事中的狐狸一样，明知自己有短板，却死不肯承认，到头来还不是欲盖弥彰？这种人很虚荣，也很累。

显而易见，上述种种心态都是极不可取的。在人生这条路上，如果我们还想有几分作为，那么就一定要做到自知、自信，这样才能对自己的人生坐标做出准确的定位。

能自知，我们才能在遇事之时量己之长短，不自以为是，亦不妄自菲薄，扬己之所长，避己之所短，趋利而避害，则事有所成。于是，自信油然而生。

想当年，毛遂先生能够一荐成名，靠的不就是这份自信？但事实上，毛遂的自知则更令人钦佩。

"毛遂自荐"的故事相信大家早已耳熟能详，这里就不多做赘述。那么大家想想，为什么毛遂在以善识人著称的平原君门下3年而籍籍无名？为何使楚之事一出，毛遂便不再低调、脱颖而出？

很显然，毛先生对于自己的特点了然于心，想必他知道自己不是"韬略之臣"，因而不该表现的时候便不张扬，于是毛先生被"埋没"了。不过，当能够一展所长的机会来临之际，毛先生不再沉默，他知道自己在言辞谈判方面有过人之处，知道自己是个外交人才。而正是这种自知使得他在平原君轻视的态度面前不卑不亢，最终脱颖而出，肯定了自己。

在毛遂凭借一番慷慨陈词解了赵国邯郸之围的第二年，燕国趁赵国大战方停喘息不赢之机，派遣大将栗腹攻打赵国。由谁挂帅出征以御强敌？赵王这一次又想起了敢于自荐的毛遂先生，准备提拔他为帅，统兵御燕。毛遂先生听到这个消息以后大吃一惊，连忙跑到赵王面前，不过这一次他不是去"推荐"自己，而是去"推辞"自己。他是这样说的："不是我毛遂怕死，实在是我德薄能低，不堪此任，我可披坚当马前卒，不能挂袍任率印官，如是，则上可保国之江山社稷，中可保您知人之明，下可保我毛遂不为国家罪人。"当年自荐，意气风发！此时力辞，一个毛遂，判若两人，简直让人难以置信。赵王对此很是不解，问道："先生去年自荐，才情高迈，真伟丈夫；如今脱颖而出，正是建功立业之时，怎么忸怩如小女子？"毛遂回答，"寸有所长，尺有所短，骐骥一日千里，捕捉老鼠不如蛇猫。逞三寸之舌我当仁不让，仗三尺之剑实非我能，岂敢以家国安危来试验我之不才之处。"按说，毛遂这番话说得入情入理，但赵王为了显示自己求贤若渴，根本油盐不进，硬是要他挂帅迎敌。正如毛遂先生所言，他只是个外交人才，而非统率千军的将才，昌都一战，赵军被燕军杀得片甲不留，毛遂先生面对一败涂地的惨状，羞愤万分，自刎身亡。

能知己长短，扬长而避短，毛遂先生的高明显然不仅仅在口舌之上，只是赵王太过刚愎自用，令毛先生及数万楚兵枉死昌都，这个教训倒是很值得做管理者的朋友引以为戒，其实我们若能在自知的基础上再知人善任，那便更高明了。

言归正传，还是那句话，扬长避短，最关键的就是要有敢于正视之的心态，认清自己的优势与缺陷，把精力与汗水抛洒在对的地方。如果是一只兔子，那就应该去赛跑而不是去游泳，如果是一只百灵鸟，那就应该去歌唱而不是去搏击长空。如果说我们体魄强健、天赋异禀，但在成为艺人的道路上屡屡碰壁，那么不妨停下脚步审视一下自己，看看自己更适合演艺场还是运动场。其实，只要我们能够找准自己的角色定位，营造自己的优势以弥补本身的缺陷，那么我们就能成为那个领域的强者。

我们常会羡慕生活中的那些成功者，甚至会认为他们是那样完美。其实成功者与我们一样，也存在着某一方面的短板。成功者之所以成功，就在于他们心态摆得正，懂得扬长避短，能够充分利用现有优势，规避生活风险，规划好人生方向，一步一个脚印地朝着既定的人生目标迈进。

其实你我都可以是成功者，只要我们对现状做出一些改变：第一，正视我们的缺陷，但不要让缺陷成为你的困惑，不要让它影响你的成功；第二，定位好自己的人生角色，挖掘并发挥自己的特长，扬长避短，形成优势。

在此基础上，倘若我们再能做到知己知彼，面对对手，以长击短，那么人生又会是怎样一番景象？这就好比田忌赛马一样，以我们的上等马对他们的中等马，以我们的中等马对他们的下等马，那么人生岂不是赢定胜局？

我们根本不必为自己的缺陷耿耿于怀，更不可因自己的优势扬扬得意。人生就在于一个把握，把握自己的劣势，尽量去弥补它；把握自己的优势，让它继续"发扬光大"。或许我们的优势不够强悍，但总有胜过对手的地方，只要我们善于利用，它就会成为我们成功的利器。

中辑

健康的性格，
成就幸福的命运

第一章
冲动是魔鬼, 谁碰谁会后悔

　　冲动的性格是极具破坏性的，它带给我们的负面影响远远超乎我们的想象。很多时候，在人生路上将我们击垮的并不是那些大灾大难，而恰恰就是我们无法控制的性情。坊间流传着这样一句话"天欲使其灭亡，必先使其疯狂"。一个人无论有多么优秀，在冲动之时，都会丧失理智。冲动是人类性格中的顽疾，在很多悲剧中都可以找到它的影子。所以说，我们要想人生还有所建树，就一定要想方设法战胜它。

冲动是魔鬼，谁碰谁后悔

　　郭冬临老师在春晚小品中曾说过一句颇为精辟的话——"冲动是魔鬼"，一时间成为大家津津乐道的口头禅。的确，冲动是魔鬼，人在"冲动"的驾驭下，往往会做出一些匪夷所思的举动，甚至不惜去触犯法律、道德的底线，为自己的人生抹下一道重重的阴影。

其实，人活于世，俗事本多，我们真的没有必要再去为自己徒增烦恼。遇事，若是能冷静下来，以静制动，三思而后行，绝对会为你省去很多不必要的麻烦。否则，你多半会追悔莫及。

有这样一则故事，颇有警示意义。

古时有一个愚人，家境贫寒，但运气不错。一次，阴雨连绵半月，将家中一堵石墙冲倒，而他竟在石墙下挖到了一坛金子，于是转眼成为富人。

然而，此人虽愚笨，却对自己的缺点一清二楚，他想让自己变得聪明一些，便去求教一位禅师。

禅师对他说："现在你有钱，但缺少智慧，你为何不用自己的钱去买别人的智慧呢？"

此人闻言，点头称是，于是便来到城里。他见到一位老者，心想：老人一生历事无数，应该是有智慧的，遂上前作揖，问道："请问，您能将您的智慧卖给我吗？"

老者答道："我的智慧价值不菲，一句话要 100 两银子。"

愚人慨言："只要能让自己变得聪明，多少钱我都在所不惜！"

只听老者说道："遇到困难时、与人交恶时，不要冲动，先向前迈三步，再向后退三步，如此三次，你便可得到智慧。"

愚人半信半疑："智慧就这么简单？"

老者知道愚人怕自己是江湖骗子，便说："这样，你先回家，如果日后发现我在骗你，自然就不用来了；如果觉得我的话没错，再把 100 两银子送来。"

愚人依言回到家中。当时日已西下，室内昏暗，隐约中，他发现床上除了妻子还有一人！愚人怒从心起，顺手操过菜刀，准备宰了这对"奸夫淫妇"。突然间，他想起白日向老者赊来的"智慧"，于是依言而行，先进三步，再退三步，如此三次。这时，那个"奸夫"惊醒过来，问道："儿啊，大晚上的你在地上晃悠什么？"

原来那个"奸夫"竟是自己的母亲！愚人心中暗暗捏了一把汗："若不是老人赊给我的智慧，险些将母亲错杀刀下！"

翌日一早，他便匆匆赶向城里，去给老者送银子了。

常言道："事不三思终有悔，人能百忍自无忧。"冷静就是一种智慧！世间的很多悲剧都是因一时冲动所致。倘若我们能将心放宽一些，遇事时、与人交恶时压制住自己的浮躁，考虑一下事情的前前后后以及由此造成的后果，且咽下一口气，留一步与人走，人与人之间的关系就会变得和谐许多。

据说青年拳击手王亚为某日骑车上街，在路口等红灯时，后面冲上来一个骑车的小伙子撞到他的自行车上，小伙子不但不道歉，反而态度蛮横，要王给他修车。王很是恼火，但是他极力控制自己的情绪不发作。这个小伙子不自量力，口出狂言："你是运动员吧？你就是拳击运动员我也不怕，咱们练练？"一听对方要打架，王连忙后退说："别打别打，我不是运动员，我也不会打架。"因为他的示弱，一场冲突避免了。事后他说："我知道，我这一拳打出去，对普通人会造成多大的伤害。我必须时刻提醒自己要忍耐，示弱反而让我感到自己更强大。"

有道是："他强任他强，清风拂山岗；他横任他横，明月照大江！"我们做人理应如王亚为这般，在无谓的冲突面前懂得忍让，有时示弱即是强！示弱才能无忧！

那么，在遭遇突发事件时，我们如何才能控制住自己冲动的性格呢？

首先，我们要调动理智，使自己冷静下来。当我们遭遇强烈刺激时，一定要强迫自己冷静、再冷静，迅速对事情的前因后果做出一个理性分析，以此"缓兵之计"来消除冲动，不要让鲁莽的性格、轻率的举动使自己陷入被动。

其次，我们可以用暗示等方法转移注意力。让我们生气的事情，一般来说都涉及我们的切身利益，的确，这很难一下子冷静下来。所以，当我们感觉到自己的情绪异常激动、即将爆发之时，我们可以用自我暗示等方法转移自己的注意力，使自己放松下来，克制自己的冲动性格。例如，我们可以在心里对自己说："冲动是魔鬼，谁碰谁后悔"、"先放放再说，没什么大不了的"；或者我们可以去做一些其他的事情，或者找一个安静的地方放松自己……事实上，这些方法都很有效。

最后，在冷静下来之后，我们要好好想想如何妥善地将问题解决掉。要知道，无论遇到什么事，逃避都不是最好的选择，我们必须学会处理问题的方法，一般来说，我们可以按以下几个步骤进行：

1.明确问题产生的主要原因以及关键点在哪儿。

2.罗列出有可能解决问题的方法。

3.去掉那些可能令别人难以接受的方式。

4.找出最佳的解决方式，并付诸行动，逐渐学会控制冲动性格的方法。

其实，我们每个人都有冲动的时候，它是一种不可避免的、难以控制的情绪，但我们仍要将其限制在可以掌控的范围内，因为每一次头脑发昏的冲动，都可能会令你遗憾终身。所以大家一定要注意，不要让冲动的性格毁了自己。

仇恨的冲动，烧晕的往往是自己

我们只要活在人群中，就不可避免要与人发生矛盾，就不可能不受到侵犯，或许有时我们真的很无辜，我们并没有做错什么，但却成了可怜的受害者。对于这些，你是否充满怨恨？你心里是否念叨着一定要报复？如果是这样，请趁早打消这个念头，因为这对我们而言没有任何好处。

首先，很重要的一点——仇恨这东西会影响我们的健康。有一句话是这样说的："宽恕那些伤害过你的人，不是为了显示你的宽宏大度，而首先是为了你的健康，如果仇恨成了你的生活方式，那你就选择了最糟糕的生活状态。"事实的确如此，而且已经引起了人们的注意。近几年，世界医学领域兴起一门新学科，叫"宽恕学"。它从养生的角度出发，对宽恕心态与自身健康的联系进行了多方面研究。结果表明，人如果一直处于"不宽恕"状态中，身心就会遭受巨大压力，其中包括苦恼、愤怒、敌意、不满、仇恨和恐惧，以及强烈的自卑、压抑等，这会直接导致我们产生不良的生理反应，如血压升高和激素紊乱，从而引起心血管疾病和免疫功能低下，甚至可能会伤害神经功能和记忆力。而宽恕，显然能让这些压力得到有效的缓解。虽然我们目前还不知道宽恕具体是如何调理身心健康的，但毋庸置疑，它的确会让我们更快乐、更放松。

再者，这也很重要——心怀仇恨，很容易让我们做出糊涂事来。仇恨一旦燃烧，大脑就会短路，也就是说，当我们的所思、所想都围绕仇恨进行时，我们就无法再对复杂多变的形式做出准确的评估和判断，这是人生博弈中的大忌讳！所以有人说，一个被仇恨左右的人一定是不成熟的人。因为聪明的人一定会懂得在选择、判断时摒除外界因素的干扰，采取理智的做法。中国有句古语，叫"君子报仇，十年不晚"，讲的也是这个道理。

这里有一个很典型的事例，我们来看一下。

三国时，曹操历经艰险，在平定了青州黄巾军后，实力增加，声势大振，有了一块稳定的根据地，于是他派人去接自己的父亲曹嵩。曹嵩带着一家老小40余人途经徐州时，徐州太守陶谦出于一片好心，同时也想借此机会结纳曹操，便亲自出境迎接曹嵩一家，并大设宴席热情招待，连续两日。一般来说，事情办到这种地步就比较到位了，但陶谦还嫌不够，他还要派500士卒护送曹嵩一家。这样一来，好心却办了坏事。护送的这批人原本是黄巾余党，他们只是勉强归顺了陶谦，而陶谦并未给他们任何好处。如今他们看见曹家装载财宝的车辆无数，便起了歹心，半夜杀了曹嵩一家，抢光了所有财产跑掉了。曹操听说之后，咬牙切齿道："陶谦放纵士兵杀死我父亲，此仇不共戴天！我要尽起大军，血洗徐州。"

随后，曹操亲统大军，浩浩荡荡杀向徐州，所过之处无论男女老少，鸡犬不留，吓得陶谦几欲自裁，以谢罪曹公，以救黎民于水火。然而，事情却突然发生了骤变，吕布率兵攻破了兖州，占领了濮阳。怎么办？这边父仇未报，那边又起战事！如果曹操此时被复仇的想法所左右，那么，他一定看不出事情的发展趋势，也察觉不出情况的危急。但曹操毕竟是曹操，他是一个十分冷静沉着的人，也是一个非常会控制自己情绪的人。正因为此，他立刻分析出了情况的严重性——"兖州失去了，就等于断了我们的归路，不可不早做打算。"于是，曹操便放弃了复仇的计划，拔寨退兵，去收复兖州了。

同是三国枭雄，反观刘备，只因义弟关羽死于东吴之手，便不顾诸葛亮、赵云等人的劝阻，一意孤行，杀向东吴，最终仇未得报，又被陆逊一把火烧了七百里连营，自感无颜再见蜀中众臣，郁郁死于白帝城，从此西蜀一蹶不振。

我们说，曹操与刘备谁的仇更大？显然是曹操，曹操死了一家老小40余人，而刘备只死了义弟关羽一个人。但曹操显然要比刘备冷静得多，他面对骤变的局势，思维、判断没有受到复仇心态的任何影响，所以他才能够摆脱这次危机，保住了自己的地盘和实力。

综上所述，我们可以看得出，仇恨其实就是潜伏在我们心中的火种，如果不设法将它熄灭，那么肯定会烧伤我们自己。而且，有时即便我们把自己烧成了灰，对方依旧可能毫发无损。这种蠢事我们还要不要做？

当然，人的本性是趋于以牙还牙的，这一点我们无须避讳，纵然是伟人在遭受重大伤害之时，心中肯定也免不了要燃起一股仇恨的火焰，不同的是，他们懂得控制仇恨，而我们大多数人则是被仇恨所控制。

当然，我们和伟人不可比，但如果说我们还希望自己活得健康快乐一些，如果说我们还希望自己人生事业有那么一点进步，那么培养宽恕的性格显然是势在必行的。事实上"宽恕"并不难，虽说我们不能尽去七情六欲，但把心放宽点，就放宽那么一点，难道我们就做不到吗？

其实我们淡忘仇恨，同时也是解放了自己，与其因为愤恨而耗尽自己一生的精力，时时记着那些伤害我们的人和事，被回忆和仇恨所折磨，还不如淡忘它们，把自己的心灵从禁锢中解脱出来。遇事但凡有这个念头在，我们的人生势必会少为烦恼所牵绊，我们的心灵自然会智慧、轻松许多。

能让终有益

我们之中有很多人将妥协、退让视为懦弱的表现，自认为针锋相对、寸土必争才是"好汉子"、"真英雄"。很明显，这类人的人生修为尚浅，性格还不成熟，做人的深度不足。其实很多时候，"退一步"并不意味着放弃努力和宣布失败，一些积极意义上的妥协是为了伺机行事、出奇制胜，是退一步而进两步。

我们先来看看下面这两则故事。

他是一家化妆品公司的推销员，他的公司几次想与另一家化妆品公司合作，但都未如愿。经过他的不懈努力，对方终于答应与他的公司合作。不过有一个要求：要在其化妆品广告词中加上该公司的名字。

他的老总不同意，认为这是在花钱替别人做广告，协商又陷入僵局，合作公司限他们在两天之内给予答复。

他接到这个消息，直接找到老总，劝老总赶紧答应，否则一定会错失良机。老总不乐意："我坚决不妥协，他们这是以强欺弱。"

他认为把产品和一个著名的品牌捆绑在一起是有利的，经过他的一再努力，老总终于同意了合作条件。事情像他预料的一样，公司的生产蒸蒸日上，销售额直线上升，他也因此被提升为业务总经理。

她拥有一家三星级宾馆，经朋友介绍，她认识了一位名气很大的导演，导演准备在她的宾馆开一个新闻发布会。

她爽快地同意了，可在租金上却不能与对方达成协议。她要价4万，导演只答应出2万，双方争执不下。朋友劝她："你怎么这么傻，你只看到了2万，2万背后的钱可不止这个数，他们都是名人，平时请都请不来。"

她还是不妥协，坚持要4万，还对朋友说："你看你介绍的人，这么苛刻。"朋友生气地说："我没有你这个目光如豆的朋友。"说完，朋友抛开她，自己走了。

她旁边一家四星级宾馆的总经理听到这个消息，及时找到导演，说他愿意把宾馆大厅租给导演，而且要价不超过1.5万元。

于是，导演便租了这家四星级宾馆。开新闻发布会那几天除了许多记者、演员外，还有不少慕名而来的影迷，十几层的大楼无一空室。而且因为明星的光临，这家四星级宾馆名声大噪。

她看到这一幕后，后悔得不得了，但一切都晚了，她只能谴责自己目光短浅。

　　故事中的两个人谁更聪明，谁才是强者，应该不用多说了吧？从这两则故事中，我们不难看出一个事实：妥协有时就是通往成功的必由之路，就是在冷静中窥视时机，然后准确出击；这种妥协应是以退让开始，以胜利告终，表象是以对方利益为重，真相是为自己的利益开道。

　　妥协无疑是一种睿智，是我们处世的一项必要手段，它对于我们的人生起着微妙的作用，甚至可以改变人的一生。我们生存的世界充满了诡异与狡诈，人间世情变化不定，人生之路曲折艰难，充满坎坷。在人生之路走不通的地方，要知道退让一步、让人先行的道理；在走得过去的地方，也一定要给予人家三分的便利，这样才能逢凶化吉，一帆风顺。

　　明朝年间，有一位姓尤的老翁开了个当铺，有好多年了，生意一直不错，某年年关将近，有一天尤翁忽然听见铺堂上人声嘈杂，走出来一看，原来是站柜台的伙计同一个邻居吵了起来，伙计连忙上前对尤翁说："这人前些时典当了些东西，今天空手来取典当之物，不给就破口大骂，一点道理都不讲。"那人见了尤翁，仍然骂骂咧咧，不认情面，尤翁却笑脸相迎，好言好语地对他说："我晓得你的意思，不过是为了度过年关。街坊邻居，区区小事，用得着争吵吗？"于是叫伙计找出他典当的东西，共有四五件。尤翁指着棉袄说："这是过冬不可少的衣服。"又指着长袍说："这件给你拜年用。其他东西现在不急用，不如暂放这里，棉袄、长袍先拿回去穿吧！"

　　那人拿了两件衣服，一声不响地走了。当天夜里，他竟突然死在另一人家里。为此，死者的亲属同那人打了一年多官司，害得别人花了不少冤枉钱。

　　这个邻人欠了人家很多债，无法偿还，走投无路，事先已经服毒，知道尤家殷实，想用死来敲诈一笔钱财，结果只得了两件衣服。他只好到另一家去扯皮，那家人不肯相让，结果就死在那里了。

后来有人问尤翁："你怎么能有先见之明，容忍这种人呢？"尤翁回答说："凡是蛮横无理来挑衅的人，一定是有所恃而来的。如果在小事上不稍加退让，那么灾祸就可能接踵而至。"人们听了这一席话，无不佩服尤翁的见识。

中国有句格言："忍一时风平浪静，退一步海阔天空。"不少人将它抄下来贴在墙上，奉为处世的座右铭。这句话与当今商品经济下的竞争观念似乎不大合拍，事实上，"争"与"让"并非总是不相容，反倒经常互补。在生意场上也好，在外交场合也好，在个人之间、集团之间，也不是一个劲"争"到底，退让、妥协、牺牲有时也很有必要。而为个人修养和处世之道，"让"不仅是一种美好的性格，而且也是一种宝贵的智慧。

不争一时之气

很多人不能忍一时之气，冲动起来就硬充好汉，结果撞得头破血流，连自己都不能保全，更别提打败对手了。所谓"直如弦，死道边；曲如钩，反封侯"，虽然听起来可悲，但细思之，正直固然可敬，若能曲径通幽地达到正义的目的，是不是更好呢？

人生如棋，一味冲撞的阵前卒子很容易丢掉身家性命，唯有将帅者才知道何时该冲锋陷阵，何时该韬光养晦。做人处世须知过刚则易折，骄矜则招祸，必要时忍辱负重、刚柔并济、进退有度，谋定而后动。

我们先来看看这个故事。

明嘉靖时，奸臣严嵩得皇帝宠信，权势熏天，在朝中对不顺从他的大臣横加迫害，很多人敢怒不敢言，许多有志之士更是把推翻严嵩当作目标。

当时严嵩任内阁首辅大学士，而徐阶为内阁大学士，他在朝中很有名望，严嵩曾多次设计陷害他，徐阶装聋作哑，从不与严嵩发生争执，徐阶的家人忍耐不住，对徐阶说："你也是朝中重臣，严嵩三番五次害你，你只知退让，这未免太胆小了。这样下去，终有一天他会害死你的。你应当揭发他的罪行，向皇上申诉啊。"

徐阶说："现在皇上正宠信严嵩，对他言听计从，又怎么会听信我的话呢？如果我现在控告严嵩，不仅扳不倒他，反而会害了自己，连累家人，此事绝不可鲁莽！"

严嵩为了整治徐阶，就指使儿子严世藩对徐阶无礼，想激怒他，自己好趁机寻事。一次，严世藩当着文武百官的面羞辱徐阶，徐阶竟是没有一点怒色，还不断给严世藩赔礼道歉。有人为徐阶打抱不平，要弹劾严嵩，徐阶连忙阻止，他说："都是我的错，我惭愧还来不及，与他人何干呢？严世藩能指出我的过失，这是为我好，你是误会他了。"

徐阶在表面上对严嵩十分恭顺，他甚至把自己的孙女嫁给严嵩的孙子，以取信严嵩。嘉靖四十一年（1562 年），邹应龙告发严嵩父子，皇帝逮捕严世藩，勒令严嵩退休，徐阶亲自到府安慰，使得严嵩深受感动，

　　叩头致谢。严世藩也同妻子乞求徐阶为他们在皇上面前说情，徐阶满口答应下来。

　　徐阶回家后，他的儿子徐番迷惑不解，说："严嵩父子已经获罪下台，父亲应该站出来指证他们了。父亲受了这么多年委屈，难道都忘了吗？"

　　徐阶佯装生气，骂道："没有严家就没有我的今天，现在严家有难，我负心报怨，会被人耻笑的！"严嵩派人探听到这一情况，信以为真。

　　严嵩已去职，徐阶还不断写信慰问。严世藩也说："徐老对我们没有坏心。"殊不知，徐阶只是看皇上对严嵩还存有眷恋，且皇上又是个反复无常的人，严嵩的爪牙在四处活动，时机还不成熟。他悄悄告诉儿子："严嵩受宠多年，皇上做事又喜好反复，万一事情有变，我这样做也能有个退路。我不敢疏忽大意，因为此事关系着许多人的生死，还是看情况再做定夺的好。"

　　等到严世藩谋反事发，徐阶密谋起草奏章，抓住严嵩父子要害，告严嵩父子通倭想当皇帝，才使得皇上痛下决心，除掉严嵩父子。

　　徐阶不逞匹夫之勇，默默忍耐，委曲求全以作自保，终于等到时机扳倒了严嵩父子。

　　没有十足的把握就不动手，徐阶的做法可谓谨慎有加。正因为他能忍辱负重，示敌以弱，才能在严嵩的步步紧逼下化险为夷，最后抓住机会一举歼敌。我们做人处世也应该谨慎小心，不能争一时之气，冲动冒进，否则只会撞得头破血流。

　　其实在生活中，我们这些寻常人也难免要有"受气"之时，人生的关键时刻，"受气"而不发作，这就要看人的忍性。

　　拿职场来说，就算我们想独善其身，但也难免"树欲静而风不止"，我们很有可能会被卷入单位的纷争之中。我们有才能、有潜质，但很有可能会被论资排辈的潜规则压得喘不过气；亦有可能受到忌妒者的打压、排挤，甚至是陷害。为了争一时之气，很多人不管不顾地冲动起来，结果人生陷入了被动，白白耗费了大好的青春，最后身也惫、心也衰。其实这种时候，我们只要用心做好自己的事就可以了，别去惹那一时的闲气，这样我们的人生才能取得更大的成功。

这也要求我们培养自己宽广的胸怀和宏远的志向。我们能立大志，才能远小争。综观古往今来，那些成大业者无不有意识地远离小纷争，因为他们知道，要实现人生的宏远目标，就必须专注做事，要看大处、顾大局，不能为无知小人、些许小事而尽毁前途。

所以在此奉劝朋友们，不要将大好的时间与精力浪费在无谓的小气与纷争之中，生活中，还有很多有意义的事情等着我们去做。

尤其是在时局不利、实力不如对手时，我们最好的做法就是忍耐。在工作生活中，适时地隐忍也有助于人际关系的和缓。而为争一时之气拼个你死我活，这于己于事毫无益处。当泰山压顶之时，我们弯一下腰又有何妨？弯一下还有挺直的机会，而腰若是被压断了也就彻底的断了。

在心上架起一把刀

综观历史风云人物，最能忍者，当莫过于越王勾践。

周敬王二十四年，吴王阖闾率大军亲征越国，越王勾践迎战。此战，吴王阖闾大败而归。阖闾在返吴途中伤重恶化，命殒黄泉。

阖闾死后，太子夫差即位，他终日不忘杀父之仇，并对天盟誓："誓要灭掉越国，为父报仇！"为坚定复仇的决心，夫差派人站于门旁，见到自己就高喊："夫差，你难道忘了杀父之仇吗？"夫差则含泪答道："杀父之仇，不敢忘记！"

为早日复仇，夫差日夜操练兵马，储备粮草，铸造武器。经过三余年准备，吴国民富兵强，复仇时机已然成熟。周敬王二十七年，夫差遣伍子胥、伯吉为大将，统军30万，直逼越国。

越王勾践不纳范蠡、文种之言，率兵轻进，结果大战之下，越兵死伤无数，胜负已成定局。勾践见大势已去，只好在众臣保护下仓皇逃跑，吴军势如破竹，穷追不舍，将勾践藏身的会稽山围得水泄不通。勾践束手无策，便向大臣们寻求解困良策，文种说道："如今之计，唯有求和。"勾践叹气道："吴军已获全胜，此时又怎会答应讲和呢？"文种说："吴国的太宰伯嚭是个贪财好色之徒，只需以重金和美女贿赂于他，求和就大有希望。吴王夫差十分宠信伯嚭，对他言听计从，只要他出面向吴王夫差说几句好话，求和之事，不怕夫差不同意。"

果然，伯嚭收下了美女和珠宝后，便向夫差建议与越国的讲和。夫差终未能抗拒住伯嚭的花言巧语，同意了越国的求和，但提出要越王勾践夫妻入吴国做人质。勾践无奈，为求生存，更为了日后的复国大计，只好顺从夫差之意，放下国君的架子，带着王后和大臣范蠡，来到吴国。

入吴以后，勾践将所带珠宝全部送给了夫差及吴国大臣，自己住的是低矮石屋，吃的是糠皮野菜，穿的是难以遮体的粗布衣裳，每天勤勤恳恳地打柴、洗衣、养猪，如奴隶一般，毫无怨言。

每隔一段时间，夫差都要亲自巡视，当他看到勾践一直如此，顾忌之心便逐渐淡化，认为困苦和劳作已经将他们折磨得麻木不仁，不足以谨慎提防。

勾践在困于吴国的两余年中，一直忍辱负重，又不断令人贿赂伯嚭。而伯嚭在每次收到越国礼物后，都要去夫差面前为勾践说情。日久天长，夫差便萌生了释放之心。一次，在伯嚭为勾践讲情时，夫差便透露出欲放勾践回国的想法，但此念头被伍子胥一番激词挡了回去。

某日，勾践闻夫差身体有恙，便入见伯嚭请求探望，伯嚭奏请夫差，获准。于是，伯嚭带着勾践来到夫差病榻前。勾践一见夫差，当即伏地而跪，说道："闻大王贵体微恙，不胜焦虑，特奏请前来探望。我略通医术，可为大王诊病，望能得大王允许，以表效忠之心。"

这时，恰逢夫差要大便，勾践等人退出屋外。再次返还时，勾践拿起夫差的粪便仔细品味，尝后，勾践伏地称贺："大王即将痊愈！我尝大王粪便乃是苦味，这是病情好转的预兆。"

夫差见勾践对自己如此忠心，大受感动，当即表示，病好后就送勾践回国。

勾践回国以后，一方面送出西施等美女迷惑夫差，一方面励精图治、重整旗鼓。他为不忘吴国之耻，夜卧柴薪，吃饭时必先尝苦胆。他与大臣亲自耕作，王后则亲自纺纱织布。在这种激励下，越国迅速恢复元气，勾践终于重振雄风大败夫差，雪了前愁旧恨。

倘若勾践没有超人的毅力和忍心，就不可能挺过那屈辱的 3 年，倘若他没有向夫差示之以弱、恭谦谨慎，就不会得到夫差的信任，那么不仅复国无望，甚至连性命也未必能够保全。

每个人都会遭遇困境，只有常怀隐忍之心，才有可能渡过难关，东山再起，成就大业。无论是示敌以弱，还是韬光养晦，这都是为人处世的深奥哲学。

人之一生，免不了磕磕绊绊，但愿望一定要长留心中，这是催人奋进的动力所在。为了愿望的实现，或者说为了生存，我们就一定要忍，忍辱负重固然苦，但若没有今日的"卧薪尝胆"，又哪来他朝的一鸣惊人？

忍的性格，就要我们放下面子、身段，放下急功近利的心态，这或许是一种煎熬，但只要熬得住，就有机会。

忍的性格，就是要对这种精神有一个正确的认识，不要以为忍就是懦弱，这只是一种表象。忍人所不能忍，俨然已经在精神和气度上胜人一筹，这才是一种真正的强悍。

忍的性格，最重要的就是克制，为顾全大局而克制一时之欲，不在小事上与人斤斤计较，以免因小失大。

当然，忍的性格，也不是毫无原则地逆来顺受，当某些人、某些事触犯到我们做人的原则或是民族大义，那么，我们则无须再忍，否则，别人会当你真的好欺负。

总而言之，人生不如意之事十之八九，必要的时候，我们需要学会委曲求全，能忍一时之苦、一时之辱，方能令我们脱离被动的局面。同时，这也是一种对于意志、毅力的磨炼，为我们日后"扶摇直上九万里"打造正常情况下所不能获得的资本。

请大家记住，忍耐决不是消极的不抵抗，在沉默中悄然降下信念的风帆，在颠沛流离中任人宰割。忍耐是一种磨炼，更是一种积蓄。当形势不利于你我之时，唯有在忍耐中承受，在忍耐中发愤，在忍耐中积累，才能铸造我们生命的辉煌。

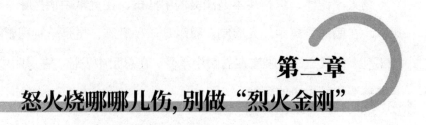

第二章
怒火烧哪哪儿伤, 别做"烈火金刚"

　　易怒的性格是人生成功的大忌，然而愤怒又是一种与生俱来的强烈情绪。的确，它能够帮助我们宣泄内在的积郁，甚至可以成为奋进的动力，但若控制不好，它又足以成为毁灭我们的力量。如果说我们了解它，控制得好，它可以帮助我们成就人生；但若是任凭易怒的性格摆布，我们的人生就会陷入悲情与困境之中。

莫生气

　　"人生就像一场戏，因为有缘才相聚；相扶到老不容易，是否更该去珍惜。为了小事发脾气，回头想想又何必？别人生气我不气，气出病来无人替。我若气死谁如意？况且伤神又费力！邻居亲朋不要比，儿孙琐事由他去；吃苦享乐在一起，神仙羡慕好伴侣。"——一首《莫生气》，虽无华丽的辞藻，却成了世人常挂在嘴边的"忍怒格言"，这不仅是因为它读起来朗朗上口，更是因为它用最普通的话说出了最简单却又最难做到的道理。

生气动怒是一种极为常见的情绪反应，它随时都有可能让人情不自禁地表现出来。或许，正是因为它太常见，因而很多人对其不以为意。殊不知，生气具有极强大的破坏力，它可以摧毁一个人的学业、事业、人脉、家庭以及身体等，毫不夸张地说，不加节制的怒火甚至可以烧毁一切！它，就是我们缔造人生幸福的莫大障碍，就是我们事业走向成功的拦路虎。

一个动不动就发怒的人，必然是个蠢人；一个善于驾驭自身情绪、不为小事而大动肝火的人，我们说他是聪明人——因为他能够用理智驾驭感情，将不良情绪引入正轨的表现渠道。人生何其短，为何要让怒火焚烧本就不多的美好？！

佛祖告诫我们说："嗔心一起，于人无益，于己有损；轻亦心意烦躁，重则肝目受伤。"

害人害己的事我们何必去做？只为生活中所遇的一点小事就大发雷霆，那是愚人的行为。

如果我们不能做一个聪明人，但至少不要去做一个愚人。把生活中不如意的一些小事看得淡一点，并能在静观中有所收益，悟得生活中的种种禅机，我们就不会活得太累，活得不开心。

有这样一则寓言故事，我们一起来看一下，或许能够从中领悟到些什么。

从前有位老妇人，脾气十分怪僻，经常为一些无关紧要的小事大发雷霆，而且生气的时候说话很刻毒，常常无意中伤害了很多人。因此，她与周围的人都相处得不太和谐。她也很清楚自己的脾气不好，也很想改，可是火气上来时，她就是没有办法控制自己。

一次，朋友告诉她："附近有一位得道高僧，为什么不去找他为你指点迷津呢？说不定他可以帮你。"她觉得有点道理，于是就抱着试一试的态度去找那位高僧了。

当她向高僧诉说自己的心事时，态度十分恳切，强烈地渴望能从高僧那儿得到一些启示。高僧默默地听她诉说，等她说完，就带她来到一座禅房，然后锁上门，一言不发地离去了。

这位老妇人本想从禅师那里得到一些启示的话，可是没有想到禅师却把她关在又冷又黑的禅房里，她气得直跳脚，并且破口大骂，但是无论她怎么骂，禅师都不理睬她，老妇人实在受不了了，于是开始哀求禅师放了她，可是禅师仍然无动于衷，任由她自己骂个不停。

过了很久，禅师终于听不到房间里的声音了，于是就在门外问："你还生气吗？"

老妇人恶狠狠地回答道："我只是生自己的气，很后悔自己听信别人的话，干吗没事找事地来到这种鬼地方找你帮忙。"

禅师听完，说道："你连自己都不肯原谅，怎么会原谅别人呢？"说完转身就走了。

过了一会儿，高僧又问："还生气吗？"

老妇人说："不生气了。"

"为什么不生气了呢？"

"我生气又有什么用？还不是被你关在这又冷又黑的禅房里吗？"

禅师有点担心地说："其实这样会更可怕，因为你把气全部压在了一起，一旦爆发会比以前更强烈的。"于是又转身离去了。

等到第三次禅师来问她的时候，老妇人说："我不生气了，因为你不值得我生气。"

"你生气的根还在，你还是不能从气的旋涡中摆脱出来！"禅师说道。

又过了很久，老妇人主动问禅师："大师，您能告诉我气是什么吗？"

高僧还是不说话，只是看似无意地将手中的茶水倒在地上。老妇人终于明白：原来，自己不气，哪里来的气？心地透明，了无一物，何气之有？

就是啊，自己不气，哪来的气？那些小事就如一粒粒的碎沙，在你的鞋子里让你感觉不舒服。那么，为了摆脱这些碎沙，你选择倒掉沙子还是踢掉鞋子？我们不能不穿鞋子，因为我们还有许多路要走，那么，我们最好的选择就是倒掉沙子。

所以，我们为大家提供了以下几点建议：

1. 怒气上涌时，扪心自问"这气该生不该生"？事实上，有人专门针对"生气"做过研究，结果令人大吃一惊，原来我们日常生活中所生的气，大多数是没有必要的。譬如说，有人在无意中或迫不得已的情况下冒犯了我们，诸如在公交车上被踩到脚、就餐时被服务员不小心弄脏了衣服等，这些都是没有必要生的气。

2. 别为流言蜚语动肝火。别人说什么，没有必要太在乎，更不应该为此生气。你要知道，就算是高高在上的皇帝，也堵不住众人的口，也免不了让人在背后骂几句。所以，被别人背后议论几句真的没什么，你为这生气，就等于"用别人的错误来惩罚自己"，这绝不是聪明人的做法。

3.尽快将愤怒的情绪平复下来。养生专家指出，生气最好不要超过3分钟，怒气平复得越快越好。当然，这话说起来容易，做起来确实有点难度。因为人在生气时，气往上涌，心眼变得像针眼，好钻牛角尖。这是我们平复怒气的主要障碍，要克服它，这就需要我们采取一定的方法：

（1）躲避法。远离令你生气的人，离开你发火的地方，找个清静的所在地，看看书、听听音乐。

（2）宣泄法。找你的"兄弟"、"闺密"或其他值得信赖的人，向他们倾诉自己内心的不平，正常情况下，他们会给予你安慰和疏导，这会加速你消气的进程。

（3）转移法。去野外散散步、去附近的公园转一转，或做一些其他事情，将注意力转移，心中的怒气自然会慢慢消除。

另外我们需要注意，消气的初衷是为了使自己的内心得到平复，逐渐改变自己易怒的性格。但不能损害他人，不可迁怒。生活中，我们常看到这样的现象，有些人在单位或是其他地方受了气，回家便打老婆、骂孩子或者摔东西，这就是所谓的"迁怒"。将心中的怒火向第三者或物品发泄，这绝对是无能的表现，而且这也不利于我们性格的完善、道德修养的提高，反而会使我们的心境越来越糟，应尽量戒除。

愤怒起于愚昧，终于悔恨

在佛家看来，贪、嗔、痴、慢、疑，是世人受"苦"的根因，这五毒就像是潜藏于内心深处的 5 个心魔。

嗔，即是怒火中烧。凡是遇到不如意的事情，世人总是会发脾气、不高兴，它是障道之祸首，所以经书上说"宁起百千贪心，不起一嗔恚"。

嗔怒，是一种极为强烈的情绪。有嗔怒性格的人，就像胸中有一股怒火，随时都准备爆发。

除却心头之火，不是嘴巴说放下就能放下的，"说时似悟，对境生迷"。习气也不是说改就能改的，别人轻轻一点怒火又起，其实是心未净。

嗔心不除，休言四禅八定。所谓火烧功德林，就是指人发脾气，便起了嗔恚之火，就把所有的功德都烧光了；除此之外，愤怒往往会波及他人、伤害他人。

我们来看看下面这件事。

蕊蕊是一个人见人爱的小女孩。一天，蕊蕊的妈妈发现钱包里少了 100 元，百寻不着，就很生气地质问丈夫，是不是他拿去赌博了。爸爸坚决否认，于是他们大吵了一架。

隔了一天，蕊蕊的爸爸下班后去保姆家接蕊蕊回来。一进保姆家，就听到保姆说："今天我帮蕊蕊洗衣服时，发现她的口袋里有一张 100元的钞票，但已经洗湿了，我把那张钞票摊开来晒了……"

爸爸还没等保姆说完，就怒不可遏地对着蕊蕊"啪！啪"地打了两个耳光，并骂道："这么小，就敢偷钱，害得我和你妈吵了一架！以后看你还敢不敢偷钱？"

蕊蕊可爱的小脸蛋被爸爸重重一打，顿时红了起来，嘴角还流血了，她不明白爸爸为什么打她，只知道很痛，就哭了。

"你不用回去了！我们家没有你这种会偷钱的小孩！"蕊蕊的爸爸极为愤怒地抛下这句话，掉头就走了。

后来，蕊蕊的妈妈听到消息，急忙跑来了。

"哎呀，你先生也真是的，怎么打小孩出手这么重，把女儿的脸都打红了！蕊蕊这么可爱、这么乖，她怎么会去'偷钱'？100元钞票对她来讲，根本就是没有意义的一张'彩色纸'而已，平常她比较喜欢1元的硬币。1元硬币她还可以拿到菜市场去骑电动马！"保姆很心疼地说。

妈妈仔细一想，三四岁的小女孩怎么会"偷钱"呢？大概是蕊蕊在家玩钱包时，抽出了百元大钞，玩啊玩，把钞票揉成一团，最后无意识地放进了口袋里。

两三天后，妈妈发现蕊蕊经常哭闹，而且反应比较迟钝，就抱着她去看医生，检查过后，医生告诉她："蕊蕊的耳膜破裂，一只耳朵全聋，另一只耳朵半聋！"

这简直就是晴天霹雳！

"以后的蕊蕊一个耳朵要戴助听器才能听得见；另一个耳朵全聋，完全听不见了，所以身体的平衡感会很差，你要多注意她、照顾她！"医生又说。

原本活泼可爱的蕊蕊就这样被毁了，爸爸愤怒的两巴掌造成了女儿一生的不幸，伤害已经造成，再多的懊恼、悔恨，也于事无补。

"我为什么要如此冲动？"这成了蕊蕊爸爸心中永远的痛。

富兰克林说："愤怒起于愚昧，终于悔恨。"心净则嗔灭，这本身即是无量之功德；远离嗔火，莫因一时之嗔让悔恨与遗憾缠绕一生。

真正有智慧的人、有觉悟的人，决不会燃烧自己的功德，更不会不问青红皂白就发脾气。要修忍辱。能忍，而后才有定；能定，而后才有慧。通俗地说，就是提高情绪自制力，让激动和盛怒降温，直至彻底消失。

用自己的随和去化解和别人的纷争与矛盾

我们每天都在想着如何才能向更高的成功迈进，如何才能在人前显示出自己作为一个成熟人的独特气质。综览成功人士，尽管他们几经风雨，却总是能带给他人阳光般的笑容。尽管他们家财万贯，却时刻保持着质朴而平易近人的风度。其实，随和性格对人很重要，如果你希望自己能带给人一种从容而内敛的感觉，就让自己随和起来吧！它不但会给你争得面子，还会给你带来不错的人缘。

有人说，随和就是顺从众议，不固执己见；有人说，随和就是不斤斤计较，为人和蔼；还有人说，随和其实就是傻，就是老好人，就是没有原则。这让我们的内心有些迷茫，究竟随和给我们带来的是晦气还是福气呢？综观一些有影响、有地位的公众人物，他们都有一个共同的特点：性格随和、平易近人。而与此相对照，非常有趣的是，有时候越是地位卑微的人越是容易发怒暴躁，他们动辄就因一些鸡毛蒜皮的事儿大发雷霆。由此看来，为人随和对于我们来说真的很重要，它代表着一种成熟，代表着一种从容，也代表着一种品位。

成熟的我们，或许已经在事业上小有成就，在社会上也有了一些磨砺，不管是在阅历上还是思想上都得到了很大的提高。这时候我们对自己有了更高的要求，那就是真真正正地迈入成功人士的行列，尽管信用卡里的存款有限，尽管自己的房屋贷款还没有还完，但这丝毫不会影响到我们做一个有品位人的追求。十几岁的逆反，二十岁的轻狂，而到了现在，我们更希望自己拥有一些成功人士的特质。有句话是这样说的："因为懂得，所以释然。"那些成功者之所以能够如此随和自然，如此镇定从容，与他们经历的风雨是分不开的。在他们的脸上刻着荣耀，也刻着往昔的艰难。尽管这一切的一切都已经成为过去，但却在他们的心中打上了烙印。让他们看透了人生的真谛，也从此真心地看待每一个人的人生。

一位曾在酒店行业摸爬滚打多年的老总说："在经营饭店的过程中，几乎天天都会发生能把你气得半死的事儿。当我在经营饭店并为生计而必须与人打交道的时候，我心中总是牢记着两件事情，第一件是：决不能让别人的劣势战胜你的优势；第二件是：每当事情出了差错，或者某人真的使你生气了，你不仅不能大发雷霆，而且还要十分镇静，这样做对你的身心健康是大有好处的。"

一位商界精英说："在我与别人共同工作的一生中，多少学到了一些东西，其中之一就是，决不要对一个人喊叫，除非他离得太远，不喊就听不见。即使那样，也要确保让他明白你为什么对他喊叫，对人喊叫在任何时候都是没有价值的，这是我一生的经验。喊叫只能制造不必要的烦恼。"

品味随和的人会成为智者；享受随和的人会成为慧者；拥有随和性格的人就拥有了一份宝贵的精神财富；善于随和的人，方能悟到随和的分量。要真正做到为人随和，确实得经过一番历练，经过一番自律，经过一番升华。

我们来看看下面这个故事。

一个经理向全体职工宣布，从明天起谁也不许迟到，并自己带头。第二天，经理睡过了头，一起床就晚了。他十分沮丧，开车拼命奔向公司，连闯两次红灯，驾照被扣，他气喘吁吁地坐在自己的办公室。营销经理来了，他问："昨天那批货物是否发出去了？"营销经理说："昨天没来得及，今天马上发。"他一拍桌子，严厉训斥了营销经理。营销经理满肚子不愉快地回到了自己的办公室。此时秘书进来了，他问昨天那份文件是否打印完了，秘书说没来得及，今天马上打。营销经理找到了出气的借口，严厉地责骂了秘书。秘书忍气吞声一直到下班，回到家里，发现孩子躺在沙发上看电视，大骂孩子为什么不看书、不写作业。孩子带着极大的不满情绪回到自己的房间，发现猫竟然趴在自己的地毯上，他把猫狠狠地踢了一脚。

这就是愤怒所引起的一系列不良的反应，我们自己恐怕都有过类似的经历，这就是上文所说的"迁怒于人"。在单位被领导训斥了、工作上遇到了不顺心的事儿，回家对着家人出气。在家同家人发生了不愉快，把家里的东西砸了，又把这种不愉快的情绪带到了工作单位，影响工作的正常进行，甚至可能路上碰到了陌生人，车被剐蹭了一下，就同别人发生口角。更严重的是，发生不愉快之后开车发泄，其后果就更不堪设想了。

作为一个成熟的人，我们一定要明白，愤怒容易坏事儿，还容易伤身。人在强烈愤怒时，其恶劣情绪会致使内分泌发生巨大变化，产生大量的激素或其他化学物质，会对人体造成极大的危害。培根说："愤怒就像地雷，碰到任何东西都一同毁灭。"如果你不注意培养自己忍耐、心平气和的性格，一旦碰到"导火线"就暴跳如雷、情绪失控，就会把事情全都搞砸。

常言道："忍一时风平浪静，退一步海阔天空。"不必为一些小事而斤斤计较。我们不提倡无原则的让步，但有些事儿也没必要"火上浇油"，那只会使事情更糟，只会破坏你在别人心目中的形象。成功者之所以成功的原因之一，就是因为他们能够很好地管理自己的情绪，维护自己在人前的良好形象，用自己的随和去化解和别人的纷争与矛盾，用自己的随和去摆平内心的纠结和困惑，这就是他们的高明所在，也是他们的高尚所在。

克制坏脾气，营造好性格

坏脾气总是会把我们的生活搞得一团糟，这不单单对我们的心情会有影响，还有可能会影响到我们与朋友之间的友谊、与家人之间的和睦，甚至改变我们一生的走向。怎么说我们也已经是个成年人了，我们不能再像个孩子一样任性撒泼，我们应认识到，被坏性格所左右会给我们的人生带来多么严重的后果。所以，从现在开始，好好克制住你的坏脾气吧，不要因为一时的冲动而毁了自己一辈子的快乐生活。

那么试问一句，你是不是一遇到事情就紧锁眉头，动不动就火山爆发？这种行为经常会让身边的人大跌眼镜。不要觉得好笑，这种现象在我们当中还真不是少数，它经常会在没有事先预料的情况下爆发出来，除了身边的人会因此对你敬而远之以外，还很有可能让你失去很多机会，甚至还会影响到你今后的快乐人生。

生活不可能平静如水，人生也不会事事如意，人的感情出现某些波动也是很自然的事情。可有些人往往遇到一点不顺心的事便火冒三丈，怒不可遏、乱发脾气。结果非但不利于解决问题，反而会伤了感情，弄僵关系，使原本已不如意的事更加雪上加霜。与此同时，生气产生的不良情绪还会严重损害身心健康。

美国生理学家爱尔马通过实验得出了一个结论：如果一个人生气10分钟，其所耗费的精力不亚于参加一次3000米的赛跑；人生气时，很难保持心理平衡，同时体内还会分泌出带有毒素的物质，对健康十分不利。

虽然人人都有不易控制自己情绪的弱点，但人并非注定要成为自己情绪的奴隶或喜怒无常性格的牺牲品。当一个人履行他作为人的职责，或执行他的人生计划时，并非要受制于他自己的情绪。要相信人类生来就要主宰、就要统治，生来就要成为他自己和他所处环境的主人。一个性格受到良好调控的人，完全能迅速地驱散自己心头的阴云。但是，困扰我们大多数人的却是，当出现一束可以驱散我们心头阴云的心灵之光时，我们却紧闭着心灵的大门，试图通过全力围剿的方式驱除心头的情绪阴云，而非打开心灵的大门，让快乐、希望、通达的阳光照射进来，这真是大错特错。

我们是情绪的主人，而不是情绪的奴隶。

著名专栏作家哈理斯和朋友在报摊上买报纸时，那个朋友礼貌地对报贩说了声"谢谢"，但报贩却冷口冷脸，没发一言。"这家伙态度很差，是不是？"他们继续前行时，哈理斯问道。"他每天晚上都是这样的。"朋友说。"那么你为什么还是对他那么客气？"哈理斯问他。朋友答道："为什么我要让他决定我的行为？"

一个成熟的人能握住自己快乐的钥匙，他不期待别人使他快乐，反而能将快乐与幸福带给别人。每人心中都有把"快乐的钥匙"，但乱发脾气的人却常在不知不觉中把它交给别人掌管。我们常常为了一些鸡毛蒜皮的事情或者无伤大雅的事情大动肝火，当我们对着他人充满愤怒地咆哮着的时候，我们的情绪就在被对方牵引着滑向失控的深渊。

有这样一个故事。

从前有个脾气很坏的男孩，他的爸爸给了他一袋钉子，告诉他：每次发脾气或者跟人吵架的时候，就在院子的篱笆上钉一根钉子。第一天，男孩钉了 37 根钉子。后面的几天，他学会了控制自己的脾气，每天钉的钉子也逐渐地少了，他发现，控制自己的脾气，实际上比钉钉子要容易得多。

终于有一天，他一根钉子都没有钉，他高兴地把这件事告诉了他的爸爸。爸爸说："孩子，从今往后如果你一天都没有发脾气，就可以在这天拔掉一根钉子。"日子一天一天地过去了，最后，钉子全被拔光了。爸爸带男孩来到篱笆边上，对他说："儿子，你做得很好，可是看看篱笆上的钉子洞，这些洞永远也不可能恢复了——就像你和一个人吵架，说了些难听的话或伤害对方的话，你就在对方的心里留下了一个伤口，就像这个钉子洞一样，插一把刀子在一个人的身体里，再拔出来，伤口就难以愈合了，无论你怎么道歉，伤口总是在那儿。"

看了上面的这个故事，我想你一定感慨良多，想想我们的坏脾气给自己的生活带来了多么大的麻烦吧！当你用一张死板的面孔面对自己的同事和下属的时候，当你用不耐烦的口气挂断父母的电话的时候，当你回到家对自己的家人大吵大嚷的时候，他们都将会以怎样的心情承担坏脾气带来的不良氛围呢？如果长此以往下去，你一定会变成一个不受欢迎、被别人敬而远之的人。因为别人也是人，别人也同样有自己的脾气，没有人能够永远地去包容你的坏脾气，更不会有人能长时间地去容忍因为你的坏性格给自己带来的麻烦。所以，我们应该努力管理好自己的情绪，以豁达开朗、积极乐观的健康性格去工作、去生活，而不是让急躁、消极等不良性格影响到我们自己和你身边那些最爱你的人。我们不要让自己的情绪影响自己的心情，更不要让自己的坏脾气影响到别人的心情。毫无疑问，我们应该成为自己情绪的主人，这样才能营造一个健康快乐的人生。

那么，我们是不是也要一有脾气就去钉钉子呢？当然不是，这不科学。其实我们可以这样做：

首先，增强你的理智感。也就是说，我们在遇到事情的时候要多思考，多想想前因后果，多替别人考虑考虑，不管你有理也好，无理也罢，都别太较真，放宽心去看事情，谨慎地做处理。一旦发现自己有冲动苗头，务必要及时克制。那些即将脱口而出的愤怒之言，我们最好让它在舌头上打几个圈，通过这种缓冲，让自己沸腾的血液冷静下来。我们不妨就这样，在即将爆发的时候，心里默念"冲动是魔鬼，谁碰谁后悔"，告诫自己"冷静、冷静，三思、三思"。这在很大程度上能够帮助我们控制自己的情绪，增强大脑的理智思维。

再者，当我们发现自己情绪沸腾之时，为了避免它喷涌而出，不妨下意识地转移话题或者找点别的事情来做，借此分散自己的注意力，将精神头转移到其他活动上，让紧张的情绪松弛下来。譬如，我们可以迅速离开那个让你恼火的地方，寻找一个能让人感染到欢乐的处所；我们也可以去找知心的朋友谈谈心、散散步，就算大家都忙，你也可以一个人出去走走，通过这种冷却，我们盛怒的情绪就会得到缓解，心情便会慢慢平静下来。

我们还可以这样，可以找来一个日记本，在上面专门记载每一次发脾气的原因和经过，平时拿出来翻看一下，通过记录和回忆，在思想上进行分析梳理，这样我们一定会发现，其实很多时候我们的脾气发得很无厘头、毫无价值的，如果你是个有良好是非观的人，你应该就会为自己的愚蠢感到很羞愧，有了这种心理暗示，相信你以后怒气发作的次数就会越来越少。

另外再给大家提个建议：如若可以的话，我们平时不妨多听听节奏缓慢、旋律轻柔、音调优雅、优美轻松的音乐，这对于安定情绪、改变暴躁脾气而言，也是相当有帮助的。

总而言之，大家要认识到，人类的美不仅仅体现在外表，还体现在我们的修养上。如果你始终无法克制自己的坏脾气，它很有可能在你人生最关键的时候给你带来毁灭性的影响。毫无疑问，我们应该是最了解自己的那个人，无须过多的劝解，无须过多的证明，相信你一定知道，克制自己的坏脾气对于人生的意义是多么重要。

事到临头，三思为妙，一忍最高

如果我们欲成就一番事业，就应该时刻注意学会制怒，不能让浮躁愤怒左右我们的情绪。著名的成功学大师拿破仑·希尔曾经这样说："我发现，凡是一个情绪比较浮躁的人，都不能作出正确的决定。在成功人士之中，基本上都比较理智。所以，我认为一个人要获得成功，首先就要控制自己浮躁的情绪。"

在生活中，我们经常看见很多人为了一点很小的事情而怒容满面，甚至与其他人大打出手，这是欲成大事者的大忌。我们每个人都避免不了动怒，愤怒情绪是人生的一大误区，是一种心理病毒。克制愤怒是人生的必修课，那些怒火横冲直撞而不加抑制的人是难成大器的。我们分析一下明朝几经沉浮的官员李三才的失败根源就不难发现这点。

明神宗时的曾官至户部尚书的李三才可以说是一位好官，为什么这么说呢？当时他曾经极力主张罢除天下矿税，减轻民众负担；而且他疾恶如仇，不愿与那些贪官同流合污，甚至不愿与那些人为伍。但是他在"忍"上的造诣却太差。

有次上朝，他居然对明神宗说："皇上爱财，也该让老百姓得到温饱。皇上为了私利而盘剥百姓，有害国家之本，这样做是不行的。"李三才毫不掩饰自己的愤怒、说话也不客气地行为激怒了明神宗，他也因此被罢了官。

后来李三才东山再起，有许多朋友都担心他的处境，于是劝他说："你疾恶如仇，恨不得把奸人铲除，也不能喜怒挂在脸上，让人一看便知啊。和小人对抗不能只凭愤怒，你应该巧妙行事。"李三才则不以为然，反而认为那样做是可耻的，他说："我就是这样，和小人没有必要和和气气的。小人都是欺软怕硬的家伙，要让他们知道我的厉害。"没过多久，李三才又被罢了官。

回到老家后，李三才的麻烦还是不断。朝中奸臣担心他再被重新起用，于是继续攻击他，想把他彻底搞臭。御史刘光复诬陷他盗窃皇木、营建私宅，还一口咬定李三才勾结朝官、任用私人，应该严加治罪。李三才愤怒异常，不停地写奏书为自己辩护，揭露奸臣们的阴谋。

他对皇上也有了怨气，居然毫不掩饰愤怒情绪，对皇上说："我这个人是忠是奸，皇上应该知道的。皇上不能只听谗言。如果是这样，皇上就对我有失公平了，而得意的是奸贼。"最后，明神宗再也受不了他了，便下旨夺去了先前给他的一切封赏，并严词责问他，于是李三才彻底失败了。

古人常说"喜怒不形于色"，而李三才却不明白此点，不分场合、不分对象随意发怒，自然只能产生失败的后果了。

现如今，许多人都会在自觉与不自觉之间信奉着一个字——"忍"，虽然信奉"忍"字的人很多，然而真正了解它内涵的人却少之又少。许多人将一幅幅"忍"字字画悬挂于客厅、卧室、钥匙扣……之上，然而他们就像"叶公好龙"一般，喜欢的不是真"忍"，而是书画上的假"忍"。

那么，"忍"的真正内涵是什么？《坛经》说："自性建立万法是功，心体离念是德；不离自性是功，应用无染是德。"在很多时候，"忍"体现在"不嗔不狂、不嚣张"上，也就是制怒与戒嚣张两方面。

忍辱是制怒的一部分，在面对一些无理取闹之人的讽刺与侮辱，能够释放于心外才能制怒。唐代著名的寒山禅师所作的一首《忍辱护真心》，显示出了他对忍辱的参悟与制怒的本领——

嗔是心中火，能烧功德林。

欲行菩萨道，忍辱护真心。

有记载说，寒山禅师曾问拾得禅师："世间谤我、欺我、辱我、笑我、轻我、贱我、厌我、骗我，如何处置乎？"拾得禅师答道："只是忍他、让他、由他、避他、耐他、敬他，不要理他，再待几年，你且看他。"寒山禅师点头称是，遂有此偈。

有道是："事临头，三思为妙，一忍最高。"我们应当提高自己控制浮躁性格的能力，时时提醒自己，有意识地控制自己情绪的波动，千万不要动不动就指责别人，喜怒无常，改掉这些坏性格，我们就能成为一个容易接受别人和被人接受、性格随和的人。只有这样，我们才能成就大事。

其实人生在世，我们应该有意识地完善自己的性格，少怒为妙，多交朋友少树敌。常言道："冤家宜解不宜结。"多个朋友就多一条路，少了一个仇人便少了一堵墙。得罪一个人，就为自己堵住了一条去路，而得罪了一个小人，可能就为自己埋下了颗不定时的炸弹。尤其是在权力场中，最忌四面树敌，无端惹是生非。纵是仇家，为避祸计，也该主动认错示好，免其陷害。要知时势有变化，人生多浮沉，少一个对头，我们便多了一分平安。

若刚性太强，便以柔掩之

所谓"有志者，事竟成，破釜沉舟，百二秦关终属楚；苦心人，天不负，卧薪尝胆，三千越甲可吞吴！"古往今来，成大事者必是能屈能伸的伟丈夫。在逆境中，困难和压力逼迫身心，"屈"让你留出时间观察和思考，使你在独处的时候找到自己内在的真正世界。"屈"可以委曲求全，保存实力，以等待转机的降临。在顺境中，幸运和环境都对人有利，这时应当懂得一个"伸"字，乘风万里，扶摇直上，以顺势应时，更上一层楼。

刚强对一个人来讲很重要，但同时我们也要知道：至刚则易断。有了困难和挫折，宁折不弯是对的，但不可不问原因一味地刚强到底，要知道刚强者不能持久。况且刚强的人都是心劲足、血性大的人，遇到困难耗尽心血，硬撑死撑，直到精血耗尽，无可再撑，一旦折服很难再有重新站起的机会。

柔弱却可得长久，柔者有包容力，海纳百川，就是靠兼收并蓄的力量吞吐含纳。但是如果一味柔弱，就会遭到欺凌。俗话常讲，一个人要是没刚没火，便不知其可。就是说一个人要是只会软弱，不懂刚强，那么什么事情也做不成。无志空活百岁，柔弱纵能长久，也是白白消耗岁月。

试想，如果当初韩信"宁死不屈"，一气之下，和那些侮辱自己的流氓拼了，一个叱咤风云的大将军，一个"汉初三杰"之一的英雄，恐怕将不会在历史上出现了，只会多一个名不见经传的枉死鬼。当然历史就是历史，没有什么假设，但是历史中的智慧值得我们思索。大丈夫能屈能伸、能刚能柔，就是源于韩信的典故。在常人看来，胯下之辱绝对让人不堪忍受，简直是奇耻大辱，然而韩信爬过去了，而且爬过去以后拍拍身上的尘土扬长而去，这是何等的胸襟和气魄！

宋代苏洵曾经说过："一忍可以制百辱，一静可以制百动。"我们要想成就一番事业，就得忍受常人所不能忍受的耻辱。历史将赋予你重大的任务，你就要做好吃苦受辱的准备，那不仅是命运对你的考验，也是自己对自己的验证。面对耻辱，要冷静地思考：不接受会不会出现生命的劫难，会不会从此一蹶不振、永难再起？如果真存在这种情况，那么就要三思而后行，而不是鲁莽地凭自己的一时意气用事。因为人在遭遇困厄和耻辱的时候，如果自己的力量不足以与彼方抗衡，那么最重要的就是保存实力，而不是拿自己的命运做赌注，做无谓的牺牲。一时意气是莽夫的行为，决不是成就大事业的人的作为。

人生旅程中的确有很多东西是来之不易的，所以我们不愿意放弃。比如让一个身居高位的人放下自己的身份，忘记自己过去所取得的成就，回到平淡、朴实的生活中去，肯定不是一件容易的事情。但是，"屈"是暂时的，暂时的忍辱负重是为了长久的事业和理想。不能忍一时之屈，就不能使壮志得以实现，使抱负得以施展。"屈"是"伸"的准备和积蓄的阶段，就像运动员跳远一样，屈腿是为了积蓄力量，把全身的力量凝聚到发力点上，然后将身跃起，在空中舒展身体以达到最远的目标。

事实上，我们在日常生活中经常会遇到这类小事，比如你正在冥思苦想一道难题，旁边不远处的人却在不停地说笑，这让你心烦不已；你正卖力地主持单位的一台晚会，话筒却突然没有了声音，台下的观众发出了笑声……一个人如果不能忍受现实生活中的挫折或不顺，那么就有可能导致工作或事业的彻底失败。

这就是说忍的作用抵得上千军万马。诸葛亮对孟获七擒七纵，忍住仇恨，并且是一忍再忍，终于以自己的忍让制伏了叛军，保住了国家的安宁与和平。

孟获是三国时蜀国南方少数民族的首领，率众起兵反叛，诸葛亮率兵去平定。当诸葛亮听说孟获不但作战勇敢，而且在南中各个地区的部族人民中很有威望，想到如果把他争取过来，就会使蜀国有一个安定的大后方。于是，下令对孟获只许活捉，不得伤害。当蜀军和孟获的部队初次交锋时，诸葛亮授意蜀军故意退败，引孟获追赶。孟获仗着人多势众，只顾向前猛冲，结果中了蜀军的埋伏，被打得大败，自己也做了俘虏。当蜀军押着五花大绑的孟获回营时，孟获心知此次必死无疑，便刁钻蛮横，破口大骂。谁知一进蜀军大营，诸葛亮不但立即让人给他松了绑绳，还陪他参观蜀军营寨，好言劝他归降。孟获野性难驯，不但不服气，反而倨傲无礼，说诸葛亮使诈，诸葛亮毫不气恼，放他回去，二人相约再战。

孟获重整旗鼓，又一次气势汹汹地进攻蜀军，结果又被活捉。诸葛亮劝降不成，又一次把孟获送出大营。孟获也是个犟脾气，回去又率人来攻并同时改变进攻策略，或坚守渡口，或退守山地，却怎么也摆脱不了诸葛亮的控制。一次又一次遭擒，一次又一次被放。到了第七次被擒，诸葛亮还要再放，孟获却不肯走了，他流着泪说："丞相对我孟获七擒七纵，可以说是仁至义尽，我打心眼里佩服。从今以后，我绝不再有反叛之心。"

自此，蜀国的大后方变得稳定，南方各族人民也得以休养生息，安居乐业。

常言说，事不过三。忍让一次、两次都可以，再三再四就有些按捺不住。可是诸葛亮却为了自己后方的稳定而对孟获捉了放，放了捉，耐着性子忍下去，并没有因为孟获的行为而放弃。诸葛亮之所以这样做，就是想以德服人，使孟获心悦诚服，下定决心不再叛乱。这就能够使自己获得一个稳固安定的大后方，使国内人民免于战乱之苦，同时也能逐渐积蓄力量以对付魏、吴的觊觎和侵略。如果诸葛亮对孟获的傲慢失礼和不识时务无法忍耐，抓住之后一刀杀掉，那也就只能出一时之气，反而会激起其他族人的敌忾，竞起效尤，那么他不但会对此疲于应付，而且会因无暇他顾而被曹魏和东吴有机可乘，丢了天下。所以忍与不忍的区别在于：不忍只能发泄眼前怨气，忍却能得到长远的回报。

战国时期，齐国攻打宋国。燕王为表示结盟之意派张魁率领燕国士兵去帮助齐国，齐国却杀死了张魁。燕王听了这个消息，非常气愤，连忙召集文武百官说："我要立即发兵攻打齐国，给张魁报仇。"

大臣凡繇连忙劝谏燕王说："从前以为您是贤德聪明的君主，所以我愿意追随您的左右。现在看来是我错了，所以我希望您允许我弃官归隐，不再做您的臣子。"燕王听了迷惑不解地问道："这是为什么呢？"凡繇回答："松下之乱，我们的先君被俘，您对此痛心疾首，然而您却仍能侍奉齐国，是因为力量不足啊。如今，张魁被杀，您却要带兵攻齐，这是不是把张魁看得比先君还重呢？"接着，凡繇请燕王停止发兵。

燕王说："那我该怎么办呢？"凡繇说："请大王穿上丧服离开宫殿，住在郊外，派遣使节到齐国，以客人的身份去请罪，就说：'这都是我的罪过。大王您是贤德君主，怎么能全部杀死诸侯的使节呢？只有我们燕国的使节被杀死，这是我国选人不慎啊。希望能够让我的使节来表示请罪。'"燕王听了凡繇的建议，又派了一个使节出使齐国。

使节到达齐国，正逢齐王举行盛大的宴会，参加宴会的近臣、官员、侍从很多，齐王让燕国的使节进来禀报。使节说："燕王非常恐惧，因而特派我来请罪。"齐王甚为得意，又让他再重复一遍，借以向近臣、官员炫耀，而后让燕王搬回王宫居住，以示宽恕燕王。

燕王委曲求全，为攻打齐国创造了时机和条件，接着又在郭槐等一大批贤才的尽力辅佐下不断积蓄实力，壮大军威，终于在济水之战打败了齐国，雪洗前耻。

当时燕王如果为逞一时之勇，在没有做好充分准备的情况下就去攻打齐国，很可能早就成了刀下之鬼了。

如果说我们志在成功，我们就应该有刚有柔。人太刚强，不懂得弯曲，遇事就会不顾后果，蛮横鲁莽，这样的人容易遭受挫折。人生苦短，能忍受几多挫折？人太柔弱，遇事就会优柔寡断，坐失良机，这样的人很难成就大事。一味软弱，终究是扶不起的阿斗。

所以说，做人就要刚柔并济、能屈能伸。因为做人处世，无刚不立，但过刚则易折，试问该如何克服这一矛盾呢？很显然，中庸之道就是个不错的选择。也就是说，为人要品性刚正，但又要讲究谋略，柔中有刚，刚柔并济，如此方能有所作为。

"中庸"强调的就是做事守其"中"，既不左冲右突，又戒参差不齐。其实这种人生哲理，从我们的日常生活的许多细节中即可体察出来。譬如，盐不可吃得太多，亦不可吃得太少，要恰到好处。同理，炒菜不可太生，亦不可太熟。生熟恰到好处，菜才好吃。此恰到好处，即是"中"。又如商人卖东西，要价太贵，则人不买。要价太少，又不能赚钱。必须要价不多不少，恰到好处。此恰到好处，即是其中。中庸学既讲恰到好处，又讲因时而中。做任何事情都是这样。

须知，无论是在古代还是现代，做人做事都离不开刚柔之道，也就是先贤们所说的"外圆内方"——内心刚直，咬定目标；外表柔和，不事张扬。

社会如此复杂，做出成绩难，要做个既有成绩又少遭忌妒的人更难。古往今来、古今中外，但凡那些有大成就之人，无不深谙做人之道，心中清楚何时进、何时退，何时伏藏、何时露峥嵘。也就是说，欲成大事者必须懂得刚柔相济、方圆互补。

诚然，并不是每个人都能够成为大人物，但懂一些刚柔之道还是十分必要的。我们做人，既不要太刚直，也不要太懦弱。柔性太强，便以刚补之；刚性太强，便以柔掩之。

然而，很多人都不好把握这个度，于是我们见到一些人为了达到某种目的，敛声屏息、逆来顺受，甚至不惜摇尾乞怜。这种"柔"与我们所强调的"柔"是有本质区别的，它所代表的是虚伪、是懦弱、是丑恶。又有一些人"宁折不弯"，凡事都要扛着来，受不得半点委屈，忍不得一点脾气，这种"刚"所代表的则是冲动、是莽撞。显而易见，以上两种性格都是不可取的。

真正的刚柔相济应该是心中拥有一个高尚的目标，并为此百折不挠，当原则受到侵犯时，能够智慧型地予以反击；当个人利益与原则、与目标相冲突时，能够舍小我，保大我，可以暂时忍辱负重，用小牺牲换来大成功。

事实上，现实生活中刚性太强之人居多，所以提醒大家，当你热血上涌之时，不妨想想晚清重臣曾国藩的那句箴言——刚性若太强，便以柔掩之。

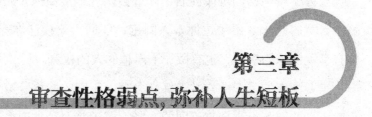

第三章
审查性格弱点，弥补人生短板

　　其实"金无足赤，人无完人"，任何一个人都不可能拥有完美的性格，这一点我们根本无须苛求。但反过来说，我们的性格之中确实有那么一些负能量很强的缺陷，你不了解它，不想法去克服它，那么你就很难实现突破，完成自我超越，所以我们很有必要对自己的性格进行一次客观审视，尽可能地让自己的性格健全起来。

我们必须对自己的性格有一个基本认识

　　人的性格世界像一个丰富多彩的百花园，走进这个百花园，你就能看清性格中的每个个体，看清个体之间的优点与缺点、有序与无序，看清个体与整体的关系。只有如此，你才能真正把握好性格的脉搏，追求到性格的美好与和谐。

当你了解性格的规律性后，你就会乐观地接受他人的个性，对他人豁达、宽容起来。不经过你本人同意，任何人无权让你感觉低人一等。你有享受快乐的权利，也有做一个卓越的人的权利。

需要注意的是：性格并无好坏之分。不同的性格、策略与原则，在迈向成功的道路上也会有不同的选择。属于某一种类型个性的审美领域本来就不是很开放的，每个人的性格里都自有一种优势存在，不要只盯住自己的个性弱点去苛求所谓的完美。

实际上，只要你不带着偏见深入地审视自己，总会找到属于自己个性中的优势。不同性格的人都可以成功，性格本身没有好坏之分，关键是我们如何去运用它，如何运用好的方法让大家都能够得到成长与成功，这就是性格分析可以带给我们的收获。

每一个人对成功的定义理解都不同，真正的成功应是全方位的，包括朋友、家庭、心灵、时间与金钱等，但最终是精神上的东西难以战胜自我。有段话说得很恰当：买得起房子，却买不到家庭；买得起好药，却买不来健康；买得起高档商品、化妆品，却买不来青春。没钱是万万不能的，但有钱也没什么了不起，毕竟金钱买不来自己的真爱。人是精神和物质相交融的产物，你只有主宰了自身的性格优势，从而才能主宰自身的命运。

健康的性格作为人生的一种行为方式，其主要的性格行为取向被认为是个人充分发挥潜能和价值的能力。拥有健康性格无疑是现代人健康最主要的生活价值观取向。

了解自己的性格不仅对个人重要，而且对社会也很重要。一个人要在社会中，甚至在家庭中做一个有作为的参与者，就必须能与他人建立积极的关系。常常对人怀有敌意、忌妒、猜忌、分裂之心的人，仅顾自己、阴阳怪气、古怪孤僻的人，不但没有机会很好地参与社会生活，不能充分地发挥自己的潜能和价值，还会给人与人之间的关系带来伤害。由此，我们要积极地培养自己的健康性格，使自己能够很好地适应社会生活，保持内心的和谐。

了解自己，从人类丰富的知识宝库中汲取养料，以培养自己的智慧，提高自己的聪明才智。树立健康的性格，要学会从知识海洋中正确认识自身，处理好自己与行为的关系；学会战胜寂寞、绝望与烦忧，处理好自己与环境的关系；学会在工作中获取成就，处理好自己闲暇娱乐活动与工作的关系，从而形成自己良好的知识素养、文化素养、道德素养和思想素养；学会正确处理自己与他人的关系。一个人一生的奋斗过程其实就是战胜自我的一个过程。要想战胜自我，首先要尽量地了解自身的性格。假如对自身的性格优点、缺点都不甚了解，很难在工作中扬长避短、战胜自我。

每个人对自己要有一个基本的认识，能比较客观地看待自己的能力、性格。当你发展顺利、平步青云、一路鲜花掌声的时候，不要忘了时刻提醒自己要保持清醒，不能滋生骄傲情绪，要像刚起步时那样看待自己的朋友、看待生活，要一如既往地勤奋、忠实。很多人在取得一点成绩以后认不清自己，把自己和原来的"我"分开，同时也把自己和朋友、亲人分开，使自己游离于社会之外。其实，在很多人眼里，他这时已经是个另类人物。一个人一旦失去了一颗平常心，他也就离失败不远了。一些成功的企业家之所以会没落，就是因为没能很好地找准自己的坐标，没能把现在的自己和原来的自己联系起来。而且当一个人成功时，周围人的吹捧也是最容易令其乱方寸的，所以明白人永远是以自己心中的自我为基准，绝不在乎别人的吹捧。

任何人的性格都是一个构造独特的世界，蕴藏着极大的能量。它的爆发，既可以将你推入万丈深渊，也可以助你走向成功的彼岸。了解自己，就要认识性格，认知性格的内涵，造就积极健康的心态；就要把握命运的风帆，从而在潮起潮落的人生航程中不至于触礁遇险。

有句话说得好"没有伟大的品格，就没有伟大的人，甚至没有伟大的艺术家，伟大的行动者"。是这样的，思想决定着人的性格，性格决定着人的行为，行为决定着人的习惯，习惯决定着人的命运！一个人的成功，正是许多优秀性格特征综合产生的结果。

性格自闭者永远与成功无缘

你有没有自我隔离？

其实，只要你愿意打开窗，就会看到外面的风景是多么绚烂；如果你愿意敞开心扉，就会看到身边的朋友和亲人是多么友善。人生是如此美好，怎能在自我封闭中自寻烦恼？我们活着，永远要追寻太阳升起时的第一缕阳光。当我们真正卸掉了自闭这道心灵的枷锁，当我们用愉悦的心情迎接美好的未来，你就会发现一个不一样的世界，一个处处充满友善和温暖的环境。

不知道为什么，我们开始对外面发生的事情心怀恐惧，不愿意与别人沟通，不愿意了解外面的事情，将自己的心紧紧地封存起来，生怕受到一点伤害。其实，世界并没有我们想象中那么可怕，外面的空气很新鲜，外面的世界也很精彩，而你身边的人也不一定都是机关算尽的恶人。如果你能够有勇气走出封闭的阴霾，向身边的人敞开心扉，你就能在人们的一张张笑脸中找到属于自己的精彩。

一个封闭自己的人，他的心永远找不到属于自己的快乐和幸福，尽管那一切美好的东西尽在眼前，但是如果你不打开那道封闭的门走出去，那么你将什么也得不到。人生是短暂的，我们需要三五知己，需要去尝试人生的悲欢离合，这样我们的人生才称得上是完整的。我们没必要在自我恐惧中挣扎，更没必要过于小心翼翼地活着，想去做什么就去做，想去说什么就去说，这样心情才会愉悦起来，生活才不至于因为自闭的单调而失去意义。

自闭性格的人经常会感到孤独。有些人在生活中犯过一些"小错误"，由于道德观念太强烈，导致自责自贬、看不起自己，甚至辱骂、讨厌、摒弃自己，总觉得别人在责怪自己，于是深居简出、与世隔绝；也有些人非常注重个人形象的好坏，总觉得自己长得丑，这种自我暗示，使得他们十分注意他人的评价及目光，最后干脆拒绝与人来往；有些人由于幼年时期受到过多的保护或管制，内心比较脆弱，自信心也很低，只要有人一说点什么，就乱对号入座，心里紧张起来。

自闭性格总是给我们的生活和人生带来无法摆脱的沉重的阴影，让我们关闭自己情感的大门。没有交流和沟通的心灵只能是一片死寂，一定要打开自己的心门，并且从现在开始。

自闭性格的人，需要改变自己。

首先，要乐于接受自己。有时不妨将成功归因于自己，把失败归结于外部因素，不在乎他人说三道四，乐于接受自己。

其次，要提高对社会交往与开放自我的认识。交往能使人的思维能力与生活功能逐步地提高并得到完善；交往能使人们的思想观念保持新陈代谢；交往能丰富人的情感，维护人的心理健康。一个人的发展高度决定于自我开放、自我表现的程度。克服孤独感，就要把自己想要交往的对象放开，既要了解他人，又要让他人了解自己，在社会交往中确认自己的价值，实现人生的目标，成为生活中真正的强者。

第三，要顺其自然地去生活。不要为一件事没按计划进行而烦恼，不要对某一次待人接物做得不够周全而自怨自艾。假如你对每件事都精心对待以求万无一失的话，你就不知不觉地把自己的感情紧紧封闭起来了。

我们应重视生活中偶然的灵感与乐趣，快乐是人生的一个重要标准。有时让自己高兴一下就行，不要整日为了达到目的、为了解决一项难题而日夜奔忙着。

第四，不要为真实的感情刻意去梳妆打扮。如果你与你的挚友分离在即，你就让即将涌出的泪水流下来，而不要躲到盥洗室去，因为怕对方知道而把自己身上最有价值的一部分掩饰起来，这种做法是没有任何意义的。

请看下面这样一个故事。

一个小女孩儿从小并不是很富裕，所以一直因为自卑封闭着自己的心，觉得自己事事不如别人，她不敢跟别人说话，不敢正视对方的眼睛，生怕被别人嘲笑自己的丑陋。直到有一天圣诞节快到了，妈妈给了她 3 美元，允许她到街上去买一样自己喜欢的东西。于是她走出了家门，来到了街市上。看着街市上那些穿着入时的姑娘，她心里真的很羡慕。忽然她看到了一个英俊潇洒的小伙子，不由得心动了，可是转念一想，自己是如此的平凡，他怎能看上自己呢？于是她一路沿着街边走，生怕别人会看到她。

　　这时候，她不由自主地走到了一个卖头花的店面前，老板很热情地招待了她，并拿出各种各样的头花供她挑选。这时候，这位长者拿出了一朵金边蓝底的头花戴在了女孩儿的头上，并把镜子递给她说："看看吧，戴上它你现在美极了，你应该是天底下最配得上这朵花的人。"小女孩儿站在镜子前，看着镜子前那美丽的自己，真的有说不出的高兴，她把手里的 3 美元塞进了老板的手里，高高兴兴地走出商店。

　　女孩儿这个时候心里非常高兴，她想向所有人展示自己头上那朵美丽的头花，果然，这时候很多人的目光都集中在了她的身上，还纷纷议论："哪里来的女孩儿这么漂亮？"刚刚让她心动的男孩儿也走上前对她说："能和你做个朋友吗？"这时候的女孩儿异常兴奋，她轻轻捋顺了一下自己的头发，却发现那朵蓝色的头花并不在自己的头上，原来她在奔跑中把它弄丢了。

　　生活当中有很多事都是这样，我们盲目地封闭自己，认为自己一无是处，认为自己很多事情都拿不出手，但是如果有一天你真的打开了封闭已久的那扇心门，遵从自己的心，听取自己心灵的声音，你就会发现原来自己还有那么多连自己都没有意识到的优秀特质，它一直都在我们身上，只不过我们因为封闭自己太久而没有将它很好地利用，而现在我们终于可以靠着这些优点快快乐乐地去生活了。

自闭性格是心灵的一把锁，是对自己融入群体的所有机会的封闭，自闭性格不仅会毁掉自己的一生，也会让周围的朋友、亲人一起忧伤。总而言之，自闭性格会葬送人们一生的幸福。所以，我们应该勇敢地从自闭的阴霾中走出来，去享受外面的新鲜空气、外面的明媚阳光，在这个生活节奏不断加快的当代社会中，我们一定要走出自闭性格的牢笼，走入群体的海洋。只有这样才能找到真正属于自己的那份自信、幸福和快乐。

远离小我情结

生活中，时常见到一些斤斤计较的人，他们即便是在市场买菜，也会因为一角钱互不相让，讨价还价个没完。婆媳之间你吃亏、我占便宜，日子似乎都在这些毫无意义的琐事上你争我嚷地消磨下去，永远都在争长短，又永远都争不出长短。

其实，我们不但要走出生活中的"小我"，还要走出心灵中的"小我"。一些天性敏感的人，时时徘徊在敏感的旋涡里。今天领导的一个神色不对，明天他人的一句失语，都会使他们不停地探究下去，纠缠在心灵之网中，仿佛受到了极大的伤害，总之，无论发生了何事，都会在他们心里无限扩大，从而引起心灵的强烈震动，并以各种发泄渠道表现出来。

那么，我们心灵中的这种"小我"是如何形成的呢？

爱克哈特说："'小我'的灵魂必然使自己死掉。"许多人的内心深处都有一个紧缩着的"小我"，无论有任何异动，"小我"都能首先做出反应，并以自我保护为出发点产生阻抗心理，心理反应严重的还会将其泛化，表现为性情孤僻、自我贬值，有的则喜怒无常、行为夸张。

其实那个紧缩的"小我"不过是人们心灵深处的无常而短暂的感觉罢了，并不是一个真实的、坚固的实体，如果我们明白了"小我"竟然是这么的"空无"，就会停止认同它、护卫它、担忧它。如此一来，我们就摆脱了长久以来的痛苦和不快乐。

人的情绪不是由于某一件事情直接引起的，而是因为经受了这一事件的人对事件的不正确的认识和评价，形成了某种信念，在这种信念的支配下导致了负面情绪的出现。当你长久注视情绪的深渊时，深渊也正在注视着你。有人说，对一点小事就做出强烈的反应是说明内心深处受到过极大的伤害，所言尤是。由于经历中的一些事件对自我造成过很大的伤害，使自我的一部分与周围割裂从而迷失或紧缩起来，这让人们的神经时时处处紧绷着，生活变成了一场承受与抗争。

还有一种敏感心理的生成来自人们天然的对于真爱的向往。由于人们非常渴望被关心、关注、关爱，所以身边的朋友常常是一个微笑、一个眼神、一句关心，甚至只是一句很平常的话语都会引起我们很大的情绪波动，以至于夜不能寐、浮想联翩。这种表现常常来自童年时缺乏爱的经验，或者是成长中的情感创伤。所有这些经历使得我们更加强烈地需要寻找一位能够给我们带来安全感的伴侣，以冲淡个人生存所带来的恐惧感。

其实真爱是令人心痛的，真爱能让人超越自我，全然脆弱、开放，因此有时真爱也能带来彻底的毁灭。事实上，我们的不安全感既然是来自我们的内心，也就是心灵中分裂的自我在作祟，没有谁能够带给我们真正的安全感，我们如果抱着这种心理去寻找爱情，那么伤害将永无止息。其实我们每个人都有自治的能力，探索心灵深处的自我，倾听内心深处的声音，让那些被压抑着的情绪自然地流淌出来，不管是愤怒、忧伤，还是痛苦、恐惧，当你学会慢慢接受它们，使之成为你自身的一部分，某些改变就会跟着发生，此时你自身就是你极大的安全感，自身就会带给你极大的爱的自足。只有我们有足够的能力去爱自己、爱别人，我们才真正地成长与成熟起来。

在现实生活中，我们要想走出内心深处的"小我"，有以下几点可供参考。

首先，扩大自己的社交，广交异性朋友。广泛的社交范围有助于淡化人的敏感心理，使身心更加健康发展。同时，不同的交往类型也可以提供给我们不同的生活经验，它们能在不知不觉间修正我们自身对事物的褊狭看法，使我们变得更加开朗，不拘小节。

其次，不断求知，从书中汲取营养。书中有太多的世态炎凉、太多的人情世故，我们在阅读的时候，也就如身临其境，领悟到什么是生活中值得尊重和珍惜的东西。由此，我们会真心地对待自己，诚意地对待别人，让生活的每一天都充满宁静。一本好书犹如一所好学校，它教会人用淑雅宽仁去面对世间的一切，远离庸俗和琐屑，它让我们懂得，"富贵而劳瘁，不若安闲之贫困"的真正含义。

最后，我们要培养博爱情怀。我们爱自己，才能原谅和接受自己的不完美，爱他人才会从对方的角度考虑事情，多一分谅解和宽容。爱这个世界，才能在内心深处充满感恩和赞美，使生命更加走向完满。

唯我独尊者终将毁灭自我

人们可以容忍很多，但不会容忍自大。不管怎样，我们应收敛起那份唯我独尊的霸气，以谦卑、真诚之心去经营生活。不管明天有多么大的成就，那也不过是过眼烟云而已，当我们在这条道路上走得越来越淡定、越来越从容，就一定会收获到人生的那份释然。

这个世界缺了谁都会照样精彩，这个地球没了谁也不会停止转动。不管你的事业多么成功，不管你把事务处理得多么井井有条、服服帖帖，都不要过高地估量了自己的位置。所以不管未来会经历什么，还是让我们怀着一颗谦卑的心，要知道这个世界不支持唯我独尊的思想，如果你一味地相信自己的强大，那么总有一天你会在自我陶醉中体味到跌落谷底的痛苦。

人到了一定岁数，无论是事业，还是财力，都有了不少的积累，这让我们很骄傲和自豪。随着职位在不断地上升，我们的家庭地位也得到了提升。这让我们觉得自己真的很重要，有些人甚至觉得，公司一旦没有了自己就不能正常运转，家里如果没有自己撑着，一定会是一团糟。其实，事情有的时候并不像我们想象的那样，这个世界没了谁都不会受到什么影响，如果有一天我们中的谁消失了，地球还是会该怎么转就怎么转。尽管有时老板总是夸奖你精明能干，但是有一天你离开了，他的公司大概也不会受到什么太大的影响。如果你觉得家里没有你的照顾就会乱七八糟，那不如就做个试验，消失两天看看，当你重新推开家门的时候，或许你就会发现，原来家人的生活可以说是井井有条，甚至多了几分轻松自在。

当然，这不是说我们在这个世界上从此就没有价值了，只是顺便给大家提个醒，当你看到天空辽阔的时候，就想想自己的渺小；当你站在川流不息的人群中时，就想想自己的平凡。是的，即便你认为自己再强大，你也不过只是个普通人，平平淡淡地生活、开开心心地过日子才是我们追求的目标。我们没有必要一定要把谁压过去，更没有必要端出一副没有我不行的架势。面对人生，谦卑是福，只有懂得谦卑的人，才能在这个世界上不断前进，不断地寻找到属于自己的人生价值。因为我们知道，自己的思想不是什么时候都正确，有些时候过分的自信是一种自负，它总是会把我们引向偏离正确轨道的另一个世界。

爱迪生说："有许多事我以为是对的，但是实验之后，我却错了，因此无论对任何事我都没有一种很自信的判定，如果某事临时让我觉得不对，我便可以马上抛弃。"一个人要具有随时能改变自己错误判断的勇气，这样才能使自己少犯错误。

　　不要说太过自信的话，这是一条很好的交际原则。假如你能坚持这条原则，即使将来发现你曾经说过的话有错误时，也不必收回。你应该知道，你所表达的意思或信仰，毕竟只是你个人的意见和信仰而已，而他人也还保留着他自己的意见与信仰，并且拥有取舍的权利。做到这一点，他人自然不会盯着你的错误不放，而你也不用为自己的面子而坚持错下去，这样一来，自然就避免了陷入唯我独尊的尴尬境地。

　　如果你的意见所依据的证据越不牢靠，就越容易导致武断和自以为是。过度地肯定，无非是想遮掩对自己意见的些许疑惑。假如你能够摆脱这种想法，就会养成"我和别人是平等的，我不应该用命令式而应该用协商式去和别人相处"的好习惯。

　　一位著名的心理学家曾经说过，男人和女人都不过是长大的小孩儿。

　　生理年龄无论有多大，也不可能事事都处理得娴熟自如，大人也会犯和小孩儿同样的错误。因此，人们在有些交际场合中，无意的失误是常有的事。有时不妨"有意破坏"一下自己的形象，拿自己开个玩笑，或"揭自己的短"，或许反而能够得到别人的喜爱，同时，还可以调节一下气氛，让别人觉得你平易近人。

　　在日常生活中，我们如果抛弃了唯我独尊，会得到意想不到的好处，而凡事逞强好胜的人，则往往不会受到欢迎。那些姿态高的"强人"们往往由于缺少人情味而让人们敬而远之，正所谓"人外有人，天外有天"，谁也不可能一直是常胜将军。自负的人习惯沉浸于虚无的胜利幻想中，他们往往因为一次的成功就自我满足，眼前闪现的永远是早已逝去的鲜花与掌声。他们把别人给予他们的荣誉看作是理所当然，不能静下心来想一想自己做了些什么、收获了什么。总认为曾经的成功能长久，总认为他人一直会甘拜下风。因此，他们自视清高、目中无人，更有甚者非但自己不思进取，还伺机嘲讽别人的努力，最终会因无法承受长期形成的心理压力而导致心理的扭曲。

唯我独尊的人往往把自己看得很重，在他们的视野内，没有人可以与自己相提并论。不可否认，在此其中，很多人确实有才华、有能力，但是他们目空一切、自得自满，于是不求进取，最终导致了人生的失败。可以说，恃才傲物是他们的显著特征，他们孤芳自赏，不愿与人交流，故步自封，最后难免导致悲剧性结局。

当今时代的竞争就是性格的竞争，具有唯我独尊性格的人即使才华满腹，如不能克服性格缺点的话，也很难成功。我们只有坚定地采取谦卑的态度去经营自己的生活、经营自己的人生，才能搬开前进道路上由自己设置的那颗过于"自我"的绊脚石，才能更和谐地和大家相处在一起，才能真正拥有属于自己的那份从容和幸福。

莫要摆臭架子

有些人生怕别人看不起自己，所以总在人前摆着一副高傲的架子。却不知越是这样，别人越会对他们皱起眉头。其实，在与他人交往的过程中，大家还是喜欢和那些谦虚谨慎、随和友善的人做朋友。作为一个成熟的人，我们一定要克制住自己内心的那种自命不凡的高傲，因为只有放下架子，你才能看到这个世界上最真实的自己，才能够得到更多人的认同和友谊。

五代时，骁将王景有勇无谋，凭一身武艺为梁、晋、汉、周4朝效力，做到了节度使，宋初被封为太原郡王，死后被追封岐王。他的几个儿子也和他一样，除骑射之外别无所长。大儿子王迁义跟随宋太祖打天下，功不大，官不高，却自以为了不起，好夸海口，经常抬出他父亲的大名来炫耀，逢人便宣称"我是当代王景之子"。人们听着好笑，都称他为"王当代"。

这样的人在现实生活中还是经常能看到的。具有骄矜之气的人，大多自以为能力很强、很了不起，做事比别人强，看不起别人。由于骄傲，他们往往听不进别人的意见；由于自大，他们做事专横，轻视有才能的人，看不到别人的长处。

其实很多人都爱在人前摆摆架子，让人觉得自己是有身份的人，很有学问也很有能力。这种高高在上的感觉让他们很有成就感，却不知自己的自得给对方带来了一种很不舒服的感觉。尤其在第一次见面的时候，过分地抬高自己，会让对方备受压抑，结果可想而知，他人一定会对你敬而远之，想进行更深一步的交流绝对是不可能的。

要想和别人交朋友，首先就要懂得放下自己的架子，用谦卑的心去接近对方、感动对方。即便自己很优秀，也要表现出还有很多地方要向对方学习的姿态。只有这样，交谈的氛围才能更加和谐，你也更容易靠近对方的心灵。毕竟，这个世界上没有任何一个人喜欢跟自视清高、自以为是的人打交道。

据说有一位外国人早晨路过一个报摊，他想买一份报纸却找不到零钱。这时他在报摊上拿起一份报纸，扔下一张 10 元钞票漫不经心地说："找钱吧！"报摊上的老人很生气地说："我可没工夫给你找钱。"从他手中拿回了报纸。这时又有一位顾客也遇到类似的情况，然而他却聪明多了。只见他和颜悦色地走到报摊前对老人笑着说："您好，朋友！您看，我碰到了一个难题，能不能帮帮我？我现在只有一张 10 元的钞票，可我真想买您的报纸，怎么办呢？"

老人笑了，拿过刚才那份报纸塞到他手里："拿去吧，什么时候有了零钱再给我。"

第二位顾客之所以会成功地拿到报纸，就是因为他付出了一份尊重，所以打动了人心，尽管他没付 1 分钱，却得到了报纸（当然，有了零钱还是要付的），这是因为人与人之间的关系不能仅仅用金钱来衡量。

按理说，第一位顾客也是愿意付钱的，但是他却没有意识到，由于自己没带零钱会给售报的老人带来找零钱这样不必要的麻烦，也就是说在除了报纸的价值之外，老人还必须向他提供额外的服务。而第二位顾客却清楚地意识到了这一点，并且特别为这一点向老人表示了自己的道歉和感激，而且非常有礼貌和涵养。这种礼貌和尊重使气氛变得十分友好和谐，接下来的协商也就会这样很顺利地完成了。

简简单单买一份报纸，在很多人眼里都是一件很平常的事情，但是就是从这样一件很平常的事情，我们就可以看出放低姿态对于一个人来说会收到多么大的效果。它能够拉近人与人之间的距离，能够让彼此的交谈更加融洽和谐，还可以在进一步的沟通中达到自己的目的。这就是社交的艺术，你没有必要一味地摆出一副高傲的架子，放下它，也许你将会得到更多。

宋忠友不久前去参加一个非专业性会议，到会60多人，没人认识他这个处级干部，也没人理他。由于他当了几年官，已经养成了让别人找自己搭话、围着自己转的习惯，自然不会主动去找别人聊天。结果游玩时，别人成群结队，有说有笑，玩得很开心，而他却独自一人，玩得很乏味。宋忠友这时候才想到，自己真的很少找别人聊天，天天又板着一副面孔，别人当然不会与自己结交。意识到这一点后，他就主动找别人聊，会议结束时也交了几位朋友。

越是摆架子、挖空心思地想得到别人的崇拜，你越不能得到它。能否获得别人的崇拜，取决于值不值得别人尊重、有无虚怀若谷的胸襟。

身处的职位越高，越要求你具备相应的威严和礼仪，不要摆架子、扮"黑脸"、"翘尾巴"。即便是国王，他之所以受到尊敬，也是由于他本人当之无愧，而不是因为他的那些堂而皇之地排场及其身份、地位。

真正有骨气的人并不看重自己手中的权力和财富，也不看重那些虚无缥缈的名利，而是用这些权力和财富去为更多的人造福，为更多的人提供便利。架子与权力和金钱无关。一个只会靠端架子、摆威风、树立自己威信的人，最终只能成为一个孤家寡人，越活越辛苦，越活越没有意思。

所以我们别以为摆架子能够为自己赢得更多的尊重，相反它很可能把你打造成一个可怜兮兮的孤家寡人。要想在社交这条路上走得更顺利，我们一定要学会做一个有谦和力的人。所以，还是先放下你那摆了很久的架子吧！当你真正放低姿态去面对身边的每一个人时，你一定会收获更多的友谊与微笑。

偏执性格是成功的绊脚石

具有偏执型性格的人固执己见，对人对事抱猜疑、不信任的态度。其主要表现就是在人际交往中常猜疑他人、过度警觉，遇到矛盾就推诿或责怪他人，强调客观原因，看问题倾向以自我为中心，自我评价过高，心胸狭隘，不愿接受批评，经常挑剔他人的缺点，容易产生忌妒心理，常常特立独行。

每个人的性格当中都有或多或少的缺陷，不过，一旦我们能够善于避开它们，这些缺陷也就不足为奇了。

了解自己的性格缺陷，并自觉主动地加以纠正，有助于我们的身心健康。如果明知自己的缺陷而放任自流，你的一生将永远与成功无缘。要努力克服自身的弱点，走向成功，培养自己优良的性格。

假如他们的看法、观点受到质疑，往往会与人争论、诡辩，甚至冲动的攻击他人。他们的心理活动常处于紧张状态，由此，表现得孤独、无安全感、沮丧、阴沉、不愉快、缺乏幽默感。偏执型性格缺陷者假如不及时接受心理教育，纠正自身的心理缺陷，就有可能发展为偏执型精神分裂症。一些严重的偏执型性格者，就有可能是精神分裂症患者。

偏执型性格缺陷的心理纠正方法通常有以下几种：

认知提高法。这类人对他人不信任、敏感多疑，对任何善意的忠告都很难接受。对此，应在相互信任和情感交流的基础上，较全面地向他们介绍性格缺陷的性质、特点、表现、危险性和纠正方法。具备自知力，能够自觉自愿地要求改变自己的性格缺陷，是认知提高训练成功的指标，也是参加心理训练最起码的条件。

交友训练法。积极主动地进行交友活动。交友及处理人际关系的原则要领是：真诚相见，以诚交心。必须采用诚心诚意、肝胆相照的态度，主动积极地交友；要坚信世界上大多数人是好的和比较好的，并且是可以信赖的；不应该对朋友，特别是对知心朋友存在偏见、猜疑。

交往中尽量主动给予知心好友各种各样的帮助。主动地在精神上与物质上帮助他人，有助于以心换心，取得对方的信任，从而巩固友谊关系。特别是当他人有困难时，更应该鼎力相助，患难中见真心，这样做最能取得朋友的信赖和加强友好情谊。

注意交友的"心理相容原理"。性格、脾气的相似或互补，有助于心理相容，搞好朋友关系。假如两个人都是火暴脾气则不容易建立稳固、长期的友谊关系。但是，最基本的"心理相容原理"条件，是思想意识与人生观相近，这是保持长期友谊的基础。

自省法。自省法是通过写日记的形式来表达自身的感受。每天临睡前回忆当天的所作所为情景，进行自我反省的方法。该方法有助于纠正偏执心理，是一种很有效的改变自己心理行为的训练方法，对于塑造健全优秀的人格品质与自我教育，效果明显。

下辑

优良的习惯，
铸就卓绝的人生

第一章
时时挖掘机遇, 便有广袤天地

机遇对于人生的重要性不言而喻，但并不是人人都能得到机遇，因为"机遇"只是相对那些做好充分准备且又善于创造的人而言的。或许，就在我们为没有机遇而怨天尤人的时候，机遇已经被以前与你一样倒霉的那个人给抓住！所以，我们若是还想让自己的人生拥有一片广袤天地，那么我们就要这样，"我们需要训练自己的观察能力，培养那种经常注意预料之外事情的心情，并养成检查机遇提供的每一条线索的习惯。"换言之，我们要用一生的勤奋来证明自己比别人幸运。

懒惰的习惯会让你与机遇绝缘

在自然界，捕食者是不会坐等时机来临的，因为没有哪一种动物会傻到将自己送入捕食者的口中，若是干等，它们就只能饿死。所以，捕食者的一生都在寻找捕食的机遇，从不停歇。

机遇对自然界的捕食者如此重要，对人又何尝不是？一个偶然的机遇，甚至可以改变人的一生，但如果你忽略机遇的重要性，那就只能被它遗弃。所以，那些欲成大事而又有大志的人，总是竭尽所能去寻找、发现、追求机遇，他们会为迎接机遇做好充足的准备，将自己打造成一块吸引机遇的磁石。这样，当机遇不期而至之时，他们才有把握一跃而起，紧紧地抓住机遇。

其实在很大程度上，能力就是机遇，有机遇而无能力，也只会错失良机，争气又从何谈起？有些人总是能够抓住机遇，而有些人却总是与机遇擦肩而过，其原因就在于此。

那么我们不妨分析一下，究竟哪些人不易得到机遇的青睐？

1. 守株待兔者没有机遇

懒汉实际上是把生命当成一种负担来应付，他们对于任何事物都缺乏兴趣，这样的人即使机遇走上门来也会被他们关在门外的。

热衷于等待的人总是把希望寄托在明天，等明天吧！明天也许会更好，而明日复明日，明日何其多？从黑发少年等到白胡子老人，最后等来的只能是南柯一梦。把等待作为应付生命的手段，其本质就是懒惰。看见一只兔子偶然撞死在树桩，于是就放弃了劳作，以为整天守在那里机遇就可以降临了，这种守株待兔的心态是懒汉们的共性。

2. 不善交际者没有机遇

获得机遇需要勤奋，但是仅仅勤奋是不够的，同时还要有极强的交际能力。俗话说，好马出在腿上，光棍出在嘴上。一个木讷不善于交际的人，就可能会失去很多机遇。如果我们仔细观察就会发现，那些成功的人士大多数都是善于交际的人。在现在这个竞争激烈的社会中，尤其需要多方面展示自己的才能、表现自己的能力，开拓更广泛的社会范围。如果一个人不善于推销自己，缺少朋友，自己的生活圈子就会越来越狭窄，信息也很闭塞，那么势必要失掉许多适合于自己发展的机遇。

一个技术工人由于工厂经营不善下岗待业，于是整天待在家里怨天尤人生闷气，闹得家里鸡犬不宁，在窝里横的人却不敢走出去，到社会上去闯荡。

另一个工人正好跟他相反，下岗之后整天在外面转悠，广交朋友探路子，很快就在朋友的帮助下找到几份兼职工作，收入比过去翻了几番。

3. 惧怕失败者没有机遇

畏惧失败和缺少自信心是相伴而生的。畏惧失败的人本身就是缺少自信，没有自信自然也就害怕失败。

俗话说，失败乃成功之母。其实失败是人生不可避免的考验，任何人都不可能没有经历过失败。要想取得成功，就必须勇于面对失败，如果畏惧失败，就难以越过失败这道屏障去取得成功。

在体育项目中有一项是障碍跑，在途中，要越过独木桥、翻越沟壑，还要爬过高墙。对于参与者而言，每一道障碍都潜藏着危险，存在着失败的可能。但是，不越过这些障碍就永远不能抵达胜利的终点。

在人生的道路上也是一样，机遇也许就在障碍的那一端，如果我们缩手缩脚不敢前进，就永远不能同机遇见上一面。

4. 白日做梦者没有机遇

一个年轻人去公司应聘，公司负责人告诉他只招聘助理，月薪三千。年轻人不屑一顾："我很早就开始打工了，我的前一份工作是在一个网站任总编，月薪一万！你说，我能干你这月薪三千块钱的工作吗？"

一个老板曾经说过这样的话："如果你想要毁掉一个人，你就给他高薪，高得让他自己都摸不着北，然后你再以小河难养大鱼为借口，委婉地劝他另寻高就。他一旦离开你的公司，这个人就什么也干不了了。"

不切实际的空想家即使面对许多发展的机遇，也会被他眼高手低的标准衡量掉的。

5. 漫无目标者没有机遇

一个孩子和他的父亲在雪地里比赛谁走的路线最直，于是孩子把自己的一只脚对准另一只脚尖，谨小慎微地往前走，他费了好大劲走了半天，还是不直。可是他的父亲却是大步流星地直奔一棵大树走去，结果可想而知，父亲的足迹是一条既简洁又笔直的路线。盲无目的的人，即使再修饰自己的足迹，终究是徘徊在一个小圈子里无所作为，只有直奔目标的人才能够把握住机遇，走向辉煌的前程。

我们都曾有过这样的体会：在临近考试的时候，我们的精力似乎特别旺盛，我们的记忆力也好得出奇，在短短的时间内我们就可以记住很多单词，掌握很多内容。可是在平时，无论怎么努力，学到的知识总是不理想。这就是有目标和没有目标的区别。当我们面临考试时，考试成了我们唯一的目标，此时的大脑可以调动全身心的能量来为考试而努力，所以这个时候的学习效果非常好。

6. 见异思迁者没有机遇

人有一个最大的弱点，总是容易被外界环境所影响，被一些诱惑所左右。本来一个人练习书法很投入，可是看见朋友们在学画画，于是放弃了自己正在做的事情，盲目追逐别人的喜好去了。

　　广告效应其实正是利用了人们的这一弱点，对人们展示了诸多的诱惑，结果人们往往就被广告所左右。就拿饮料来说，其实自己喝的茶水就是最好的饮料，可是一听商家宣传这种饮料的营养、那种饮料的药用，久而久之耐不住诱惑，于是扔掉了茶杯，拿起了饮料。喝来喝去又听专家断言：那些饮料还不如白开水干净。于是后悔不已。后来听洋人说中国的茶是最好的饮料，才又觉得自家的茶是个宝贝。转了一圈，白白扔了许多钱财，糟践了身体，最后还得拾起自己扔掉的茶罐子。见异思迁者即使在机遇来临之时，也首鼠两端，干什么才好呢？犹豫当中，机遇就弃他们而去了。

　　其实，机会也有"怪癖"，也很"懒惰"，它绝不肯浪费精力去寻找那些守株待兔、坐享其成的人；换言之，那些一心想要改变自己的人生、常常忙得焦头烂额、四处寻找机遇的人，往往容易得到机遇的垂青。若以"常理"推论，机遇似乎更应属于那些有时间、有精力的人，但事实却恰恰相反，天生的"怪癖"使它情愿为那些正在筹备梦想、忙于计划的人而现身。机遇是一种"灵物"，它双眼雪亮、行动迅速，它会主动找到那些愿意迎接机会的人。机遇是一种意念，它只存在于那些认清机会的人心中。

　　机遇带有一层神秘面纱，但绝非无法参透和洞悉。聪明人更善于一边经营生活、经营人生、经营家庭，一边捕捉身边的每一条信息，寻找足以令自己取得飞跃或成功的机遇。若是时机尚未成熟，他们便暗蓄力量、厚积薄发，低调地营造着自己的生活；可一旦时机成熟，他们必然会牢牢抓住机遇，顺势而上，将自己的人生、事业推向巅峰。

　　机遇并不是公交车，它不会定时来到你身边，它需要你认真地准备和刻意去追求。"我没有机会"——这永远只是失败者的托词。

畏缩的习惯将会使你丢失机遇

乔叟曾经说过："每个人都有一个好运降临的时候，不能领受；但他若不及时注意，或竟顽强地抛开机遇，那就并非机缘或命运在捉弄他，这归咎于他自己的疏懒和荒唐。我想这样的人只好抱怨自己。"是的，机遇对于每个人而言都是平等的，关键在于，当机遇来临时，你所采取的是何种态度。

我们来看看下面这个故事，相信会对大家有所启示。

有一个人，在某天晚上碰到了一个上帝，上帝告诉他，有大事要发生在他身上了，他有机会得到很多的财富，他将成为一个了不起的大人物，并在社会上获得卓越的地位，而且会娶到一个漂亮的妻子。

这个人终其一生都在等待这个承诺的实现，可是到头来什么事也没发生。

这个人穷困潦倒地度过了他的一生，最后孤独地死去。

当他上了天堂，他又看到了上帝，他很气愤地对上帝说："你说过要给我财富、很高的社会地位和漂亮的妻子的，可我等了一辈子，却什么也没有，你在故意欺骗我！"

上帝回答他："我没说过那种话，我只承诺过要给你机会得到财富、一个受人尊重的社会地位和一个漂亮的妻子，可是你却让这些机会从你身边溜走了。"

这个人迷惑了，他说："我不明白你的意思。"

上帝回答道："你是否记得，你曾经有一次想到了一个很好的点子，可是你没有行动，因为你怕失败而不敢去尝试？"

这个人点点头。

上帝继续说："因为你没有去行动，这个点子几年后给了另外一个人，那个人一点也不害怕地去做了，你可能记得那个人，他就是后来变成全国最有钱的那个人。还有，一次城里发生了大地震，城里大半的房子都毁了，好几千人被困在倒塌的房子里，你有机会去帮忙拯救那些存活的人，可是你害怕小偷会趁你不在家的时候到你家里去打劫、偷东西？"

这个人不好意思地点点头。

上帝说："那是你去拯救几千个人的好机会，而那个机会可以使你在全国得到莫大的尊敬和荣耀啊！"

上帝继续说："有一次你遇到一个金发蓝眼的漂亮女子，当时你就被她强烈地吸引了，你从来不曾这么喜欢过一个女人，之后也没有再碰到过像她这么好的女人了。可是你想她不可能会喜欢你，更不可能会答应跟你结婚，因为害怕被拒绝，你眼睁睁地看着她从身旁溜走了。"

这个人又点点头，可是这次他流下了眼泪。

上帝最后说："我的朋友啊！就是她！她本来应是你的妻子，你们会有好几个漂亮的小孩；而且跟她在一起，你的人生将会有许许多多的乐趣。"

这个人无言以对，懊恼不已。

我们身边每天都会围绕着很多的机会，包括爱的机会。可是我们经常像故事里的那个人一样，总是因为害怕而停止了脚步，结果机会就这样偷偷地溜走了。只有及时抓住机会的人，才能取得人生的成功；而在有准备的人眼中，抓住机会努力改变自己，更多的机会就会出现于眼中。

机会只给有准备的人，而我们往往因为害怕失败而不敢尝试，因为害怕被拒绝而不敢跟他人接触，因为害怕被嘲笑而不敢跟他人沟通情感，因为害怕失落的痛苦而不敢对别人付出承诺。

能否把握机会，是决定人生能否成功、是否如意的关键；用一种积极进取的态度对待生活，我们的人生就会得到提升。机会不等人，千万不要让它从你指缝中溜走，否则你就会一事无成。

犹豫只会毁掉机遇

倘若一个人总是太过拖沓，那么是很难有什么建树的。正所谓"机不可失，时不再来"，这是任何人都明白的道理，但是总是有一些喜欢拖拉的人，他们面对机会总是犹豫不决，让机会白白地错过，仿佛在等待"最好的时机"。他们天天在考虑、在分析、在迟疑、在判断，迟迟下不了决心，总是优柔寡断，好不容易作了决定之后，又时常更改，不知道自己要的是什么，抓了怕死，放了怕飞。终于决定实施了，他们第一件事就是拖拉、不行动，告诉自己"明天再说"、"以后再说"、"下次再做"。即使采取了行动也是"三天打鱼，两天晒网"。这样的人会永远一事无成，终生与失败为伍。

下面这个故事中主人公的遭遇，就很值得我们引以为戒。

法国有一位哲学家，他温文尔雅、谈吐不俗，令许多女人为之倾倒。

这天，一位容貌绝美、气质高雅的女子敲开他的房门："让我来做你的妻子吧！相信我，我是这世上最爱你的女人！"

哲学家惊叹于她的气质，陶醉于她的美貌，更为她的真情所打动。毫无疑问，他同样为她而着迷，但他却说："你让我再考虑一下！"

送走女子，哲学家找来纸笔，将娶妻与不娶妻的利弊一一罗列出来，结果发现，二者的利弊竟然不相上下。哲学家很是为难，他犹豫起来，不知如何是好，而这一犹豫就是整整4年。

4年后，哲学家得出这样一条结论：在难以取舍时，应该选择尚未经历过的。

于是，哲学家兴冲冲地来到女子家，对其父亲说道："您女儿不在吗？那么请您转告她，我已经考虑清楚，我要娶她为妻！"

老人漠然地说道："你来晚了4年，我女儿如今已经是两个孩子的母亲了！"

数年后，哲学家郁郁而终。弥留之际，他吃力地写下这样一行字：若是将人生一分为二，前半生的哲学应是"不犹豫"，后半生的哲学应是"不后悔"。

所谓"明日复明日，明日何其多？我生待明日，万事成蹉跎"。没有什么习惯能够比拖拉更使人懈怠。它会损坏人的性格，消磨人的意志，使你对自己越来越失去信心，怀疑自己的毅力、怀疑自己的目标、怀疑自己的能力，从而让人变得一事无成。它还是人生的最大杀手，让人在生活和工作中忙乱不堪，让人失去与他人合作的机遇，更让人失去在工作和事业上成功的机会，从而让失败一直伴随着自己，让自己一事无成。

一个人在机遇面前倘若总是优柔寡断、犹豫不决，就会遭到机遇的鄙夷与抛弃。机遇不会等你，你不抓住，它一定会跑向别人那里。

要记住，人的一生之中能够斗志昂扬、精力充沛的黄金段并不多，与其年迈时空叹韶华白头、精力不再，不如争取眼前时机，将遗憾从生命中彻底赶走。聪明人都很清楚，一次机遇对于一个普通人而言，是何等的宝贵、何等的重要！所以当机遇来临时，他们从不犹豫，伺机而动，一击即中，因而机遇也成就了他们。

那么，我们怎样才能改掉自己犹豫的毛病呢？其实犹豫的根本原因在于不自信。很多时候，我们正是因为对自己缺乏基本的信心，才会不相信自己的判断，因为我们害怕面对选择错误之后的结果。既如此，我们就要不断为自己充电，增加自己的知识和经验，也可以去请教朋友的建议，然后自己采纳。

总而言之，我们的每一个选择有弊利两面，所以我们不要害怕做出选择，要相信自己的直觉。既然这给我们带来的真的是一个不好的结果，那也没有什么大不了的，大不了我们从头再来。要让自己勇敢一点，去经历、去尝试，就像张玉华《雪花飘》中所唱的那样："重要的不是拥有，丢掉了我再去找。"朋友们，就让我们一起加油，努力改掉犹豫这个毛病吧。

养成关注信息的习惯，别对好机会视而不见

21 世纪是一个信息高度发达的时代，许多机遇就存在于信息之中，而"信息"俨然也成了各种书籍与媒体使用频率最高的词汇之一，"信息化浪潮"、"信息经济"、"信息技术"等词语不断闪现在我们眼前。在人们的交往过程中，拥有信息的多少已然成为机会和财富的象征，掌握信息的人往往显得更有能力，易成为人们瞩目的焦点。因为有了信息的积累，思路就会随之拓宽，就有可能掌握到更多的知识。

"信息爆炸"给人们带来了无穷的机会，可以说在当今社会中，谁获取的信息最多，谁就是这个社会的成功者。因为每一条信息会为我们开启一扇机会之门，使我们通向成功。

我们来看看下面这个故事，应该会对大家有一定的启发。

哈默在 16 岁时，已决定不再从家里要钱，自己开始挣钱了。一天他在大街上散步，看中一辆标价 185 美元的双人敞篷汽车，而这笔钱对他不是个小数目。突然他想起两天前曾在一幅广告中看到一家工厂找人送圣诞糖果的启事，现在买下这辆车，不正好去应聘那份工作吗？想到这里，他马上找到哥哥借了钱，买下了这辆车，并立即与那家工厂联系，接手了那份工作，为一位富商送圣诞糖果。两周后，他还清了哥哥的钱，自己也有了些小钱。第一次生意给他很多启示，他认识到，只要留心生活中的每一个小的现象，并利用好这种很小的信息，再加上努力工作，就能获得大多数自己想要的东西。

哈默在大学学习期间，父亲让他帮忙管理一个濒于破产的制药厂，

同时父亲要求他不要放弃学业，将经商与学习结合起来。他接受了这个充满挑战的机会。18 岁的他贷款买下了药厂合伙人的全部股份，掌握了药厂的实权，同时，大胆改革药厂的经营方针。经过一番苦心经营，在大学毕业前，他已是拥有百万美元的大学生富翁了。

也许有人认为，我们远不如那些商业巨子聪明，对信息也不如他们敏感，面对信息社会甚至有些无所适从。其实，这都是次要因素，每个人的智商都差不多，事在人为，只要方法得当，我们就不会再感到茫然，我们也能拥有敏锐的眼光，在沙子中找到金子。我们生活在这样一个信息社会，应该学会培养自己接收信息和处理信息的能力，为自己铺设多条成功的道路。

在充满信息的社会中，对信息的收集与整理是一个学习过程。当我们的知识积累到一定程度之后，我们就会具有不同寻常的理解力和智慧，就可以透过现象抓住本质。信息也就是平时积累的材料，通过我们不断地积累，再与生活两相对照，我们就会发现哪些材料是有价值、哪些是毫无用处的，这样信息就成了我们的有用资源。所以，收集信息，是很关键的一步。

当信息储存到一定程度的时候，我们要注意它们的相关性，也许单个的信息没什么用处，一结合起来，就有了很高的价值。这就要对收集来的信息进行分析，这不但是一个理清思路的过程，有时甚至可以发现信息外的一些信息，使我们获得意想不到的有价值的信息。

其实学习就是在智力上的自我准备，不论上中等的职业学校课程，还是理论或应用科学的普通课程，都会是开启我们智慧之门的钥匙。在具备了基本的知识之后，进一步以经验为指导，信息所发挥的功能就会是巨大的。所以学习也就是把知识作为一种长久的信息储存起来。

比尔·盖茨在投身软件业时，联系自己编写软件、操作系统、语言、应用程序等方面的丰富知识，再加上所获得的个人软件行业在市场中仍然很薄弱的信息，于是取得了成功。

如果我们主观上缺乏准备，头脑中完全没有捕捉信息这根弦，那么就是有用的信息送到你的面前，也会白白地溜掉。我们常见到这样的情形：有些人天天看报纸、听广播、看电视，但是他们从未发现任何有价值的信息。他们对信息毫不敏感的原因，在于缺少捕捉信息的意识和紧迫感，通常也懒于去整理自己每天所看到的信息。所以，我们必须树立常抓不懈、多方收集信息的意识，使自己成为捕捉信息和机遇的有心人。

但信息本身千姿百态，有的属于虚假的表象，能阻挡一般人的视野；有的属于无关紧要的细枝末节，容易被一般人所忽视，我们应该保持清醒的头脑，学会辨真识伪，让信息为己所用，才能有助于我们拓宽思路。

有句话说得好："细节决定命运。"机遇往往就存在于某个细微的信息之中，但它不会主动投怀送抱。所以，当你失去机遇时，不要埋怨，因为它一直就在那里，公平而又客观，只是你未能发现而已。

要有自我推销意识，把握职场机遇

在自然界，狼恐怕是世界上最善于利用环境捕食的动物，它们捕猎时，夜色、天气、地势等都可以为其所用，一支配合作战的狼群，简直就是一支训练有素的军队。所以它们所向披靡，总是能够尽可能地抓住机遇。

人的智慧要高于狼，这一点毋庸置疑，但人的执着却似乎要逊色很多，所以，很多人总是得不到机遇，于是他们总是抱怨命运女神厚此薄彼，将人生中的不顺、事业上的失败归结于机遇冷待自己。事实上，机遇对所有人都一视同仁，一如阳光普照大地，而能否最大限度地利用这份光和热，则完全取决于你自己。

在这个年代，像我们一样为谋生而四处寻找机遇的人到处都是，但并不是每个人都能做出一番成就。有些人之所以成功了，最重要的原因在于他们不仅肯干，而且还绝不蛮干。他们完全是凭借着自己的勤奋与智慧，抓住了那些对自己的人生起决定性作用的机遇。

有这样一个故事，或许会给我们一些启迪。

有一年，松下公司要招聘一名高级女职员，一时应聘者如云。经过一番激烈的比拼，山川秀子、原亚纪子、宫崎慧子 3 人脱颖而出，成为进入最后阶段的候选人。3 个人都是名牌大学的高才生，又是各有千秋的美女，条件不相上下，竞争到了白热化状态。她们都在小心翼翼地做着准备，力争使自己成为"笑到最后"的胜利者。

这天早上 8 点，3 人准时来到公司人事部。人事部部长给她们每人发了一套白色制服和一个精致的黑色公文包，说："3 位小姐，请你们换上公司的制服，带上公文包，到总经理室参加面试。这是你们最后一轮考试，考试的结果将直接决定你们的去留。"3 位美女脱下精心搭配的外衣，穿上那套白色的制服。人事部部长又说："我要提醒你们的是，第一，总经理是个非常注重仪表的先生，而你们所穿的制服上都有一小块黑色的污点。毫无疑问，当你们出现在总经理面前时，必须是一个着装整洁的人，怎样对付那个小污点，就是你们的考题；第二，总经理接见你们的时间是 8 点 15 分，也就是说，10 分钟以后，你们必须准时赶到总经理室，总经理是不会聘用一个不守时的职员的。好了，考试开始了。"

3 个人立即行动起来。

山川秀子用手反复去揩那块污点，反而把污点越弄越大，白色制服最终被弄得惨不忍睹。山川秀子紧张起来，红着脸央求人事部部长能否给她再换一套制服，没想到，人事部部长抱歉地说："绝对不可以，而且，我认为，你没有必要到总经理室去面试了。"山川秀子一下子愣住了，当她知道自己已经被取消了竞争资格后，眼泪汪汪地离开了人事部。

与此同时，原亚纪子已经飞奔到洗手间，她拧开水龙头，撩起自来水开始清洗那块污点。很快，污点没有了，可麻烦也来了，制服的前襟处被浸湿了一大片，紧紧贴在身上。于是，原亚纪子快步移到烘干器前，打开烘干器，对着那块浸湿处烘烤着。烤了一会儿，她突然想起约定的时间，抬起手腕看表：坏了，马上就到约定时间了。于是，原亚纪子顾不得把衣服彻底烘干，赶紧往总经理室跑。

赶到总经理室门前，原亚纪子一看表，8 点 15 分，还没迟到。更让她感到庆幸的是，白色制服上的湿润处已经不再那么明显了，要不是仔细分辨，根本看不出曾经洗过。何况堂堂大公司总经理，怎么会死盯着一个女孩的衣服看呢？除非他居心不良。

原亚纪子正准备敲门进屋，门却开了，宫崎慧子大步走出来。原亚纪子看见，宫崎慧子的白色制服上，那块污迹仍然醒目地躺在那里，原亚纪子的心里踏实了，她自信地走进办公室，得体地道声"总经理好"。总经理坐在大办公桌后面，微笑地看着原亚纪子白色制服上被湿润的那个部位，好像在"分辨"着什么。原亚纪子有点不自在。

这时，总经理说话了："原亚纪子小姐，如果我没有看错的话，你的白色制服上有块地方被水浸湿了。"原亚纪子点了点头，"是清洗那块污渍所致吗？"总经理问。原亚纪子疑惑地看着总经理，点了点头。总经理看出原亚纪子的疑惑，浅笑一声道："污点是我抹上去的，也是我出的考题。在这轮考试中，宫崎慧子是胜者，也就是说，公司最终决定录用宫崎慧子。"

原亚纪子感到愕然："总经理先生，这不公平。据我所知，您是一位见不得污点的先生。但我看见，宫崎慧子的白色制服上，那块污点仍然清晰可见。"

"问题的关键是，宫崎慧子小姐没有让我发现她制服上的污点。从她走进我的办公室，那只黑色公文包就一直优雅地横在她的前襟上，她没有让我看见那块污迹。"总经理说。

原亚纪子说："总经理先生，我还是不明白，您为什么选择了宫崎慧子而淘汰了我呢？我准时到达您的办公室，也清除了制服上的污点，而宫崎慧子只不过耍了个小聪明，用皮包遮住了污点。应该说，我和宫崎慧子打了个平手。"

"不。"总经理果断地说，"胜者确实是宫崎慧子，因为她在处理事情时思路清晰，善于分清主次，善于利用手中现有的条件，她把问题解决得从容而漂亮。而你，虽然也解决了问题，但你却是在手忙脚乱中完成的，你没有充分利用你现有的条件。其实，那只公文包就是我们解决问题的杠杆，而你却将它弃之一旁。如果我没有猜错的话，你的'杠杆'忘在洗手间里了吧？"

原亚纪子终于信服地点了点头。总经理又微笑着说："如果我没猜错的话，宫崎慧子小姐现在会在洗手间里，正清洗她前襟处的污渍呢。"

毫无疑问，无论在哪行哪业，当权者的态度最终决定着员工的前途。如果不能让老板看好，员工的下场一般会是——走好吧您！那么，怎样才能给老板留下一个好印象？这是困扰职场人士良久的问题。其实很简单，只要把事情"做好"即可。当然，这"做好"二字也是有着一定学问的。

其一，必须将事情尽量做得圆满一些，让老板看到你的"能干"，有了这种印象，他才能在分配重要任务的时候想到你，这无形中也就增加了你上位的机会。

其二，要懂得巧干。职场中有很多人常念叨"我没有功劳也有苦劳"。诚然，苦劳是一种资本，勤奋努力也是职场人必备的素质。但是，苦干又怎比得上巧干？不管过程如何，老板看中的只是结果。在现在这个时代，能苦干但不出结果的人，已然越来越不被认可了，这样的人很难取得成就。

蒙牛集团一直在强调这样一个理念——"一两智慧胜过 10 吨辛苦。"苦干只是成功的一个条件，但并不是唯一条件。勤奋当然好，但智慧的勤奋岂不是更好！那些成功者除了比一般人勤奋，更重要的一点是，他们比一般人更善于运用智慧。

其实人生中的很多事，哪怕只是一点偏差，都可能会影响别人对自己的看法，都可能会错失良机。我们做事，应力求尽善尽美、善始善终，这不仅仅是对别人负责，更是对自己负责。而对自己负责的另一个要点，就是要懂得把握机会，甚至没有机会的时候，要给自己创造机会，让对方看到你的能耐。我们或许不需要开口争取什么，但一定要努力表现自己，让别人从我们的表现中看到潜力，机会自然就会眷顾我们。

那些一直认为"我只是在为老板"工作的人，注定与机遇无缘。你要知道，老板只是提供给你工作的机会，而能否做出一番成绩来证明自己，这完全要由你来把握。虽然说未必每一份付出都能够获得高额的回报，但你今天所做的一切，必然会在今后的日子中回报给你。

一个人若想在职场中有所建树，就必须把该做的事情做好，让老板看好。如此，你才能够得到更多的发展机会。

当然，仅仅精通业务还是不够的，职场人士更要善于推销自己。正如《形体、性格与职业选择》一书所说："你的一生成败大部分依赖于你是否具备推销自己潜能的能力。有些人天生懂得怎样有效地推销自己，并给人们一种良好的印象，这完全是因为他们使用了一点额外的智力，我们姑且称之为'推销潜能意识'。"上文中的"宫崎慧子"在自我推销方面，就绝对称得上是个高手。

可见，机会的创造需要以素质积累为基础，你希望生命中出现彩虹，就必须勇于经历风雨；你想淘得人生的第一桶金，就必须忍受风沙侵袭；你想要成就一番事业，就必须勤勉自励，对人生充满信心和希望，要敢于接受各种挑战，练就过硬的素质。只有这样，你才能为自己创造出更多机会，也就为"成功"增添了更多选择。

第二章
若能习惯创新，人生便能焕然一新

"思维的目的不在于正确，而在于求有效"——这是美国著名创新思维学者迪伯诺给予我们的忠告。的确，这世上的事儿千变万化、一日千里，所以我们很有必要学会从多个角度去看待问题，力求一个"新"字。因为自己习惯创新，我们才能使自己充满活力；只有习惯创新，我们才能对自己不断进行改进；只有养成创新的习惯，我们的事业才会有所发展，我们的人生才能焕然一新。

培养用两种方法思考问题的习惯

进入 21 世纪以后，人们口中提到最多的字就是"新"，诸如新世纪、新时代、新经济、新风貌、新发展、新气魄、新跨越等等，可谓不胜枚举。的确，新世纪是知识经济的世纪，是一日千里的信息时代，在大时代背景下，生存竞争愈演愈烈，一个人如果想在新世纪立足，就必须拥有创新精神，否则等待你的必将是淘汰、是死亡！

我们一起来看看以下几个小故事。

故事一，苍蝇的智慧

美国密执安大学著名学者卡尔·韦克曾做过这样一个实验：将 6 只蜜蜂及 6 只苍蝇装进同一个玻璃瓶中，然后将瓶子平放，让瓶底朝向窗户。这时你会发现——蜜蜂不停地在瓶底找到出路，直到力竭而死；苍蝇则会在两分钟之内，穿过瓶颈找回自由。事实上，正是由于蜜蜂对光亮的喜爱和它们的超群能力，才使得它们走向灭亡。

实验告诉我们，那些过分迷信于自己的能力和判断、固守教条的人，最后往往难逃厄运。人类的生存环境变得越来越不可预期、不可想象、不可理解，生活中的"蜜蜂们"，随时都有可能撞上走不出去的"玻璃墙"。

故事二，驴子过河

驴子进城，需要渡过一条河。去时它驮着盐袋，盐遇水化了不少，驴子感到周身轻松；回来时，尝到甜头的驴子想要如法炮制一番，但这次它驮的是棉花。结果，棉花浸水以后越来越沉，驴子不堪重负，溺死在河中。

这个故事说明，在不断变化的外部环境和自身状况面前，一味套用以往的成功经验是极其愚蠢的。车轱辘往后转，人要向前看！不要习惯性地认为以前的"正确"一直就都"正确"，很多事情必须在尝试以后才能得出结论。解决问题的方法有很多，只要在法律、人伦允许的范畴内，能让自己的人生取得成功，那就是"正道"。在这个瞬息万变的世界中，如果你想好好生存，就必须拥有创新的智慧，而不是教条式的机智。

故事三，猴子与香蕉

有人将 5 只猴子关入铁笼，铁笼上方挂了一串香蕉，旁边设有一个感应装置，一旦猴子接近香蕉，便会立即有水喷向笼子。猴子们发现了香蕉，如此美味怎能放过？于是其中一只奔了过去，结果，他们全部成了落汤鸡。猴子们不甘心，一一前去尝试，结果被淋了 5 次。于是猴子们形成了统一意见——绝不可以去拿香蕉，因为会有水喷出来。

后来，人们将其中一只猴子牵走，放入一只新猴。新猴一见到香蕉，马上就要去摘，结果被其他 4 只狠狠 K 了一顿，因为它们害怕新猴连累自己被水淋。新猴又作了几次尝试，最后被打得一头是血，因此只好作罢。人们如法炮制，再牵出一只旧猴，放入一只新猴，并且撤掉了喷水装置。然而，这只新猴依旧与它的"前辈"遭受了同等待遇。如此一来二去，笼中的旧猴全部被换成了新猴，但没有一只猴敢去动那只香蕉，虽然它们都不知道"不能动"的原因。

毫无疑问，是旧经验束缚了猴子，令原本唾手可得的美食变得遥不可及。事实上，很多人的思维与这些猴子毫无二致，他们在遭遇某类挫折之后，就变得"一朝被蛇咬，十年怕井绳"，唯唯诺诺不敢向前。殊不知，时过境迁，原本危险的东西如今或许正是成功的捷径，为何不去尝试？为何不敢突破？一个人想要有所建树，就必须打破旧经验，就必须要变化，只有变化了才会有希望。

美国著名管理大师彼得·杜拉克曾经说过："不创新，就死亡！"此语乃是验证无数客观事实得出的结论。近年来，宣布破产的企业老总比比皆是，原因也是各种各样，其中很重要的一条就是不懂创新。

那么，我们又如何有意识地培养自己的创新思维呢？

这就要求我们必须学会用两种方法思考问题。我们可以做这样一个比喻，假若思考是一部大车，那么逻辑思维和非逻辑思维就是这部车的两个轮子，想要这部车子前进，那么两个轮子就必须协调运转起来。换言之，在思考的过程中，我们要将非逻辑思维运用在有待创新的问题上，从而提出新设想、打通新思路，其作用主要在于摸索、试探，冲破传统的束缚，打破常规束缚；而要将逻辑思维运用在对新设想、新思路的整理和筛选上，以此归纳出一个解决问题的最佳方案，其主要作用在于检验和论证。

另外，香港《明报》曾发表一篇名为"创意的绊脚石"的文章，并列举了其种种表现，我们很有必要了解一下，再反其道而行之，便极易激发出自己的创意性思维。

1. 太过强调用逻辑去分析问题，只用垂直思考方法及着重语言思考。

2. 一开始便替问题下一个定义，往往因此而令思路太狭窄。

3. 喜欢用一些所谓"正统"的看法去看问题，遵循既有的规则去办事，并为以往的经验所限。

4. 认为每个问题都有一个标准的答案，因此只喜欢向一个方向找答案，不能想出多个解决方案。

5. 过早下结论。

6. 抗拒改变，不愿承认改变是生活的一部分。

7. 经常批评新尝试或建议。这种错误的思维方法要注意克服。　大家要认识到，竞争于人而言，基本是平等的。社会环境宛如一条不断流淌的河流，时时都在动、都在变化。眼前的成功只是暂时的，任何成功的经验都不是一成不变的，你要想时刻处于成功的位置，就必须不停地否定自己，时刻督促自己进行变化、进行创新，否则后果将不堪设想。

敏于生疑，敢于存疑，能于质疑

孙子曰："凡战者，以正合，以奇胜。故善出奇者，无穷如天地，不竭如江海。终而复始，日月是也。死而更生，四时是也。声不过五，五声之变，不可胜听也；色不过五，五色之变，不可胜观也；味不过五，五味之变，不可胜尝也；战势不过奇正，奇正之变，不可胜穷也。奇正相生，如循环之无端，孰能穷之哉！"这是"兵势篇"的精髓所在，主旨在于强调一个"变"字，它告诉我们，只有擅变者才能常胜。

诚然，懂得坚持是件好事，成功确实离不开这种品性。但过度的坚持就没有必要了，因为那只能称为"固执"。

近代大思想家已故梁启超先生说："变则通，通则久。"知变与应变是当代社会衡量一个人的素质、能力高低的重要标准。人在做事时应该学会变通，放弃毫无意义的固守，如此才能将事情做得更好。

所谓"树挪死，人挪活"，种子一旦落地生根，长成树苗以后，就不要轻易移动，一动就很难再成活。而人则恰恰相反，人有智商，遇到问题需要灵活处理，这种方法行不通就换一种，总有一种是正确的。

做人不可墨守成规，不能钻牛角尖，倘若再走一步就是悬崖，你还非要直着走下去吗？所以说，在这个尘世间行走，一条路走到黑万万不可，你必须要具体问题具体分析、具体情况具体对待，才能拿出最好的对策。固守经验只会束缚人的潜力发挥，不破不立，这是成功的硬道理。

我们举个例子来说明一下。

古希腊在物理学说方面有两大学派，一派以哲学家亚里士多德为代表，另一派则以自然科学家阿基米德为代表。两人皆是古代希腊著名的学者，但由于两人的观点和方法不同，其科学结论也就各异，并形成了鲜明的对立。亚里士多德学派的观点基本是唯心的，他是凭主观思考和纯推理方法作结论的，所以充斥着谬误。而阿基米德学派的观点基本是唯物的，他完全依靠科学实践方法得出结论。

然而从 11 世纪起，在基督教会的扶持下，亚里士多德的著作得到了经院哲学家的重视，他们排斥阿基米德的物理学，把亚里士多德的物理学奉为经典，凡违反亚里士多德物理学的学者均被视为"异端邪说"。但伽利略却对亚里士多德的物理学持怀疑态度，相反，他特别重视对阿基米德物理学的研究，他重视理论联系实际，注意观察各种自然现象，思考各种问题。

亚里士多德认为两个物体以同一高度落下，重的比轻的先着地，但伽利略经过反复的研究与实验后，改写了这一结论：物体下落的快慢与重量无关。传说在 1590 年，伽利略在比萨斜塔公开做了落体实验，验证了亚里士多德的说法是错误的，使统治人们思想长达 2000 多年的亚里士多德的学说第一次发生动摇。

大家想想，亚里士多德的错误论断竟然经过了两千多年才被推翻，为什么在此期间没有人站出来提出疑问？因为，一直以来人们都只在学习亚里士多德的理论，他的所有思想都被尊为不可怀疑的真理。不敢于怀疑"真理"的人都是在死学，这样的人是很难有所作为的。

然而在现实生活中，我们之中很多人在处理问题时，总是习惯性地按照常规思维去思考，他们一味固守传统、不求创新、不敢怀疑，所以往往会走入人生的死胡同。

那么，既然此路不通，何不绕行？即跳出固有的思维模式，想别人未曾想、干别人未曾干，用"变通"的方法去敲开成功的大门。变通能力是一个人动态而实用的能力，那些敢于怀疑、灵活巧变的人做起事来往往会事半功倍，取得意想不到的收获。

在职场上，领导者也往往更喜欢那些擅于变通、顺势而动的人。首先，他们不用担心这样的人会受外部环境影响产生大的情绪波动，从而影响工作；其次，还可以依靠这种人在"非常时期"随机应变，解决突发事件。

其实不仅在工作中，人生处处都要懂得变通。那些杰出人士之所以能够成功，其中很重要的一个因素就是善于变通。这里所说的变通实质上是一种弹性处理，这与"耍滑头"及没有原则是完全不同的。因事制宜，顺势而动，根据环境、配合需求，制定最佳策略，这才是弹性处理。分明已经是死胡同，还要硬着头皮往里闯，那就只能撞南墙。

伯恩·崔西提醒人们——很多事之所以会失败，是因为没有遵循变通这一成功原则。大千世界变化无穷，生活在这种复杂的环境中，是刻舟求剑、按图索骥，还是举一反三、灵活机动，将直接决定你的生存状态。

我们要做到不固守成法，就要敏于生疑、敢于存疑、能于质疑，并由此打破常规、推陈出新。当然，推陈出新必然会存在风险，因而，我们应允许自己犯错误，并从错误中汲取经验、教训，刻意弥补自己的不足。不过，不固守成法也并不意味着盲目冒险，做任何创新性举动之前，我们都应做好充分的评估与精确的判断，将危险成本控制在合理的范畴之内，使变通产生最好的效果。

事实上，无论你是否察觉到、无论你是否愿意，其实每个人无时无刻不在寻求变通。只不过有所不同的是，善于变通的人把自己越变越好，而不善变通的人则使自己越来越差。一个真正的聪明人不但能够灵活运用一切他已知的事物，而且还可以巧妙利用他未知的事物，能在恰当的时机将事情处理得尽善尽美，这完全可以称作是一种艺术。我们只要掌握了这门艺术，就能够应对人生中的各种变故，在变通中挖掘机会，在变通中走向成功。

习惯以发散思维思考问题

可能很多人都看过这样一则笑话：美国宇航局曾经为圆珠笔在太空不能顺畅使用而大感苦恼，并出巨资请专家研制新式品种。两年过去了，该科研项目进展缓慢。于是，宇航局向社会悬赏，征求此种"便利笔"。不料，很快来了一个小伙子，他向惊讶的官员们出示自己的"研究成果"——是一支铅笔。其实这个笑话告诉了我们一个道理：如果换个思路、换个角度看问题，你可能就会从失败迈向成功。

有一家生产牙膏的公司，产品优良，包装精美，深受广大消费者的喜爱，每年营业额蒸蒸日上。

记录显示，前 10 年每年的营业额增长率为 15% ~ 20%，不过，随后的几年里，业绩却停滞下来，每个月维持同样的数字。

公司总裁便召开全国经理级高层会议，以商讨对策。

会议中，有名年轻经理站起来，对总裁说："我手中有张纸，纸里有个建议，若您要使用我的建议，必须另付我 10 万元！"

总裁听了很生气说："我每个月都支付你薪水，另有分红、奖励。现在叫你来开会讨论，你还要另外要求 10 万元。是不是过分了？"

"总裁先生，请别误会。若我的建议行不通，您可以将它丢弃，一分钱也不必付。"年轻的经理解释说。

"好！"总裁接过那张纸后，看完，马上签了一张 10 万元支票给那年轻经理。

那张纸上只写了一句话：将现有的牙膏管口的直径扩大 1 毫米。

总裁马上下令更换新的包装。

试想，每天早上，每个消费者挤出比原来粗 1 毫米的牙膏，每天牙膏的消费量将多出多少呢？

这个决定，使该公司随后一年的营业额增加了 25%。

当总裁要求增加产品销量时，绝大多数高级主管一定是在考虑，怎样才能扩大市场份额？怎样才能把产品推广到更多地区？一些人可能连怎样在广告方面做文章都想到了，但这些老生常谈未必起得了作用。只有那位年轻经理换了个思路——增加老顾客的消费量，不是同样能达到增加销售的目的吗？而且这个方法更简单、更有效。灵活的思考对一个人的成功是非常必要的，能够从另一个角度看问题，见人所不见，善于突破常规，这就是创造。

19 世纪 50 年代，美国西部刮起了一股淘金热。李维·施特劳斯随着淘金者来到旧金山，开办了一家专门针对淘金工人销售日用百货的小商店。一天，他看见很多淘金者用帆布搭帐篷和马车篷，就乘船购置了一大批帆布运回淘金工地出售。不想过去了很长时间，帆布却很少有人问津。李维·施特劳斯十分苦恼，但他并不甘心就这样轻易失败，便一边继续销帆布，一边积极思考对策。有一天，一位淘金工人告诉他，他们现在已不再需要帆布搭帐篷，却需要大量的裤子，因为矿工们穿的都是棉布裤子，很不耐磨。李维·施特劳斯顿觉眼前一亮：帆布做帐篷卖销路不好，做成既结实又耐磨的裤子卖，说不定会大受欢迎！他领着那个淘金工人来到裁缝店，用帐布为他做了一条样式很别致的工装裤。这位工人穿上帆布工装裤十分高兴，逢人就讲这条"李维氏裤子"。消息传开后，人们纷纷前来询问，李维·施特劳斯当机立断，把剩余的帆布全部做成工装裤，结果很快就被抢购一空。由此，牛仔裤诞生了，并很快风靡全世界，给李维·施特劳斯带来了巨大的财富。

发散式的思维使人赢得更多成功机会。一个聪明的人，不会总在一个层次做固定思考，他知道很多事情都是多面体，如果你在一个方向碰了壁，那也不要紧，换个角度你就会走向成功。

那么，我们要怎样培养自己的发散思维呢？

1. 充分发挥想象力

德国著名学者黑格尔曾经说过："创造性思维需要有丰富的想象。"事实上，在我们以往接受的、寻求"唯一正确答案"的教育影响下，我们很大程度上浪费了自己的想象力，我们的思维不禁有些单一。这就要求我们下意识地去激发自己的想象，在生活中借助各种事物启发自己，展开丰富合理的想象，对发散性思维进行再创造。

2. 淡化标准答案，尽可能运用多向思维

要敢于提出假设，对标准答案提出疑问。事实上，单向思维只能说是低水平的思考，多向思维才是高质量的思考。我们可以在思考时尽可能多地给自己提出一些"假设……"、"假如……"、"如果是这样……"之类的问题，强迫自己转换一个角度去思考。这样一来，我们或许就会发现别人所想不到的事情。

3. 打破常规、弱化思维定式

法国著名学者贝尔纳曾经说过："妨碍学习的最大障碍，并不是未知的东西，而是已知的东西。"我们来看看这样一道智力测验题——"用什么方法可以使冰最快地变成水？"那些陷入思维定式的人往往会回答"迅速加热"。但事实上，这个问题的答案是——"只要去掉两点水就可以了"。显然，这是超出一般人想象的。

的确，思维定式确实能够在一定程度上帮助我们圆满地解决问题，但在需要创新时，它就会成为"思维的枷锁"，阻碍我们进行创新，也阻碍我们对于新知识的吸收。因此，我们要鼓励自己对已知事物提出疑问，不要尽信书，那样不如无书。

要知道在这个世界上，从来没有绝对的失败，有时候只要调整一下思路，转换一个视角，失败就会变成成功。很多人相信，如果失败了，就应该赶快换一个阵地再去奋斗，如果按照这种观点，李维·施特劳斯就应该把帆布锁进仓库里，或廉价甩售出去，但幸好李维·斯特劳斯没有这么做。他没有放弃帆布，并且积极寻找解决问题的办法，终于从淘金工人的话里获得了启示：将帆布做成帆布裤，因此获得了成功。失败与成功相隔得并不远，有时也许只有半步距离。所以如果遭遇到了失败，千万不要轻易认输，更不要急于走开，只要保持冷静，勇于打破思维定式，积极寻找对策，成功一定很快就会到来。

下意识地运用逆向思维

我们在考虑问题时，不但应该放宽去想，还应该逆向去想，逆向思维虽然有点"险"，但却常能出奇制胜。

逆向思维是不随大流走最极端的形式，它不但不随大流，反而朝相反的方向走。这种逆向思维虽然有点冒险，但却常因独辟蹊径而获得起死回生、反败为胜的作用。

我们来看看这个故事。

从前，有位商人和他长大成人的儿子一起出海远行。他们随身带上了满满一箱子珠宝，准备在旅途中卖掉，但是没有向任何人透露过这一秘密。一天，商人偶然听到了水手们的低声交谈。原来，他们已经发现了他的珠宝，并且正在策划着谋害他们父子俩，以掠夺这些珠宝。

商人听了之后吓得要命，他在自己的小舱内踱来踱去，试图想出个摆脱困境的办法。儿子问他出了什么事情，父亲于是把听到的全告诉了他。

"同他们拼了！"年轻人断然道。

"不，"父亲回答说，"他们会制伏我们的！"

"那把珠宝交给他们？"

"也不行，他们还会杀人灭口的。"

过了一会儿，商人怒气冲冲地冲上了甲板，"你这个笨蛋！"他冲儿子叫喊道，"你从来不听我的忠告！"

"老头子！"儿子也同样大声地说，"你说不出一句值得我听进去的话！"

当父子俩开始互相谩骂的时候，水手们好奇地聚集到周围，看着商人冲向他的小舱，拖出了他的珠宝箱。"忘恩负义的家伙！"商人尖叫道，"我宁肯死于贫困也不会让你继承我的财富！"说完这些话，他打开了珠宝箱，水手们看到这么多的珠宝时都倒吸了口凉气。而商人又冲向了栏杆，在别人阻拦他之前将他的宝物全都投入了大海。

又过了一会儿，父与子都目不转睛地注视着那只空箱子，然后两人躺倒在一起，为他们所干的事而哭泣不止，后来，当他们单独一起待在小舱时，父亲说："我们只能这样做，孩子，再没有其他的办法可以救我们的命！"

"是的，"儿子答道，"您这个法子是最好的了。"

轮船驶进了码头后，商人同他的儿子匆匆忙忙地赶到了城市的地方法官那里，他们指控了水手们的海盗行为和犯了企图谋杀罪，法官派人逮捕了那些水手。法官问水手们是否看到老人把他的珠宝投入了大海，水手们都一致说看到过，法官于是判决他们都有罪。法官问道："什么人会弃掉他一生的积蓄而不顾呢，只有当他面临生命的危险时才会这样去做吧？"水手们听了羞愧得表示愿意赔偿商人的珠宝，法官因此饶了他们的性命。

这个久经商场磨炼的商人见识确实高人一筹，遇到会被人谋财害命的危险时，一般人的做法就是跟对方拼了，或者是献财保命，但这位商人却偏偏反其道而行之：不跟对方撕破脸，反而做出一无所知的样子，不把财宝献给水手，反而把它们抛入大海。身陷绝地的时候，如果按常规出牌往往会招致大败，倘若反其道而行，则可能会获得一线生机，故事中的父子便用反向思维保住了生命，又使财产失而复得。

当然，逆向思维的运用方法远不止这一种，下面我们就来了解和学习一下。

1. 还原分析

我们在考虑问题时，其实完全可以先放下当前的思绪，回到问题的原点，透过问题的本质寻找创新的方法。举个例子说明一下：人们在探矿时发现，金矿区和银矿区的忍冬藤会生长得特别茂盛，而铜矿区的野玫瑰则会呈现出蔚蓝色。于是，人们在探矿时，会先分析当地植物的参数，再分析下面矿藏，这种植物探矿法很大程度上减少了钻探的盲目性。

2. 逆用缺点

缺点并不都是坏事，我们在面对问题时，其实也可以利用事物的缺点进行创新。例如，在一次工商界聚会中，几位老板谈起自己的经营心得，其中一位说："我有3个不成才的员工，我准备找机会将他们炒掉。这3个人，一个整天嫌这嫌那，专门吹毛求疵；一个杞人忧天，老是害怕工厂出事；还有一个经常不上班，整天在外面闲荡鬼混。"另一个老板听后想了想说："既然这样，你就把这3个人让给我吧！"

这3个人第二天到新公司报到，新的老板开始分配工作：让喜欢吹毛求疵的人员负责产品质量管理；让害怕出事的人负责安全保卫工作；让喜欢闲荡的人负责产品宣传，天天东奔西跑联系各家媒体。3 个人一看工作的安排非常符合自己的个性，不禁大为欣喜，兴冲冲地走马上任。过了一段时间，因为他们的卖力工作，新公司的经营业绩直线上升，生意蒸蒸日上。

3. 逆用原理

顾名思义，这就是要我们从事物原理的反方向进行思考，以求实现创新。例如，打高尔夫球虽然是一项高雅、健康的运动，但它对场地的要求很高，需要种植高质量的草坪，成本太大，普通的工薪阶层消费不起。那么，能不能在水泥地板上打高尔夫呢？于是有人想到：既然高尔夫球对"草坪"要求很高，那么，何不将"草坪"移植到高尔夫球上？如此一来不就可以在水泥地板上打了吗？于是，人们发明了"带毛"的高尔夫球，它完全可以在水泥地板上打，因而大大降低了成本，使更多的人参加到了这一娱乐活动中。

4. 逆用功能

这就是要我们从事物现有功能的反方向进行思考，从中寻找突破的契机。例如，3M 公司的一个职员在无意之中偶然发现，将废弃的纸张进行一定的处理就可以成为粘贴纸，他的这一发现为公司创造了巨额利润，当然，他也得到了应有的回报。

5. 逆用结构

这就是要我们从事物结构方式出发，进行逆向思考，譬如将结构位置颠倒、置换，等等。在第四届中国青少年发明创造大赛中，荣获一等奖的"双尖绣花针"运用的就是这一思维方式。武汉义烈小学学生王帆将针孔位置设计到针的中间，而把两端都加工成针尖，这样一来，绣花的速度竟提高将近一倍。

6. 逆用观念

人的观念不同，其所做出的行为就会不同，收获也会有所不同，而观念相同，行为相似，收获也就不相伯仲。不要以为这是在玩文字游戏，事实上是想提醒大家：要想自己的收获超于常人，那么就必须培养自己独特的观念。譬如说，当别人都觉得你这一次的工作失败时，你要告诉自己——这不过是一次学习，为的就是历练。

逆向思维的运用是一种独特做事方法的体现，它既是一种创新，又是一种对常规的破坏。当然，这种"破坏"不表现在对人情和风俗习惯上，而是表现在能落实到具体事物上的常规思维上。新的思路往往能在常规事物之外找到突破口，当然这也需要人的清醒判断和某种可遇不可求的机遇。

要有自己的主见

爱默生曾经说过："想要成为一个真正的'人'，首先必须是个不盲从的人。你心灵的完整性是不容侵犯的……当我放弃自己的立场，而想用别人的观点去看一件事的时候，错误便造成了……"的确，一个人，只要认为自己的立场和观点正确，就要勇于坚持下去，而不必在乎别人如何去评价。

美国的威尔逊在最初创业时，只有一台价值 50 美元分期付款赊来的爆米花机。第二次世界大战结束后，他做生意赚了点钱，于是就决定从事地皮生意。当时，在美国从事地皮生意的人并不多，因为战后人们一般都比较穷，买地皮建房子、建商店、盖厂房的人很少，地皮的价格也很低。当亲朋好友听说威尔逊要做地皮生意，都强烈地反对。而威尔逊却坚持己见，他认为反对他的人目光短浅，虽然连年的战争使美国的经济很不景气，可美国是战胜国，经济会很快进入大发展时期，到那时买地皮的人一定会增多，地皮的价格会暴涨。于是，威尔逊用手头的全部资金再加一部分贷款在市郊买下很大的一片荒地。这片土地由于地势低洼，不适宜耕种，所以很少有人问津。但是威尔逊亲自观察了以后，还是决定买下了这片荒地。他的预测是，美国经济会很快繁荣，城市人口会日益增多，市区将会不断扩大，必然向郊区延伸。在不远的将来，这片土地一定会变成黄金地段。

后来的发展验证了他的预见。不到 3 年时间，美国城市人口剧增，市区迅速发展，大马路一直修到威尔逊买的土地的边上。这时，人们才发现，这片土地周围风景宜人，是人们夏日避暑的好地方。于是，这片土地价格倍增，许多商人竞相出高价购买，但威尔逊不为眼前的利益所惑，他还有更长远的打算。后来，威尔逊在这片土地上盖起了一座汽车旅馆，命名为"假日旅馆"。由于它的地理位置好，舒适方便，开业后顾客盈门，生意非常兴隆。从此以后，威尔逊的生意越做越大，他的假日旅馆逐步遍及世界各地。

坚持一项并不被人支持的原则，或不随便迁就一项普遍为人支持的原则，都不是一件容易的事。但是，一旦这样做了，就一定会赢得别人的尊重，体现出自己的价值。

现今的人们生活在一个充满专家的时代。由于人们已十分习惯于依赖这些专家权威性的看法，所以便逐渐丧失了对自己的信心，以至于不能对许多事情提出自己的意见或坚持信念。这些专家之所以取代了人们的社会地位，是因为是人们让他们这么做的。

没有独立的思维方法、生活能力和自己的主见，那么生活、事业就无从谈起。众人观点各异，欲听也无所适从，只有把别人的话当参考，坚持自己的观点，按照自己的主张走，一切才能处之泰然。

一个人能认清自己的才能，找到自己的方向，已经不容易；更不容易的是能抗拒潮流的冲击。许多人仅仅为了某件事情时髦或流行，就跟着别人随波逐流而去。他们忘了衡量自己的才干与兴趣，因此把原有的才干也付诸东流。所得的只是一时的热闹，而失去了真正成功的机会。

一个真正独立的"人"，必然是个不轻信盲从的人。一个人心灵的完整性是不能破坏的。当我们放弃自己的立场，想用别人的观点来评价一件事的时候，错误往往就不期而至了。

我们也许可以做这样的理解："要尽可能从他人的观点来看事情，但不可因此而失去自己的观点。"

当我们身处于陌生的环境，没有任何经验可供参考的时候，就需要我们不断地建立信心，然后才能按照自己的信念和原则去做。假如成熟能带给你什么好处的话，那便是发现自己的信念并有实现这些信念的勇气，无论遇到什么样的情况。

时间能让我们总结出一套属于自己的审判标准来。举例来说，我们会发现诚实是最好的行事指南，这不只因为许多人这样教导过我们，而是通过我们自己的观察、摸索和思考的结果。很幸运的是，对整个社会来说，大部分人对生活上的基本原则表示认可，否则，我们就要陷于一片混乱之中。保持思想独立，不随波逐流很难，至少不是件简单的事，有时还有危险性。为了追求安全感，人们顺应环境，最后常常变成了环境的奴隶。然而，无数事实告诉人们：人的真正自由，是在接受生活的各种挑战之后，是经过不断追求、拼搏并经历各种争议之后争取来的。

如果我们真的成熟了，便不再需要怯懦地到避难所里去顺应环境；我们不必藏在人群当中，不敢把自己的独特性表现出来；我们不必盲目顺从他人的思想，而是凡事有自己的观点与主张。

对于生活中的我们来说，能拥有自己的完整心灵，使其神圣不受侵犯，即坚守心灵的感应，不要盲从，不要随波逐流，这是非常重要的。请一定记住，跟着别人走，你永远只能居于人后。

第三章
根除不良习惯, 人生自然灿烂

习惯一旦形成，其"惯性"的力量往往令我们难以抗拒，它常常会成为我们人生的主宰。一如孔子所说的那样："少成若天性，习惯如自然。"美国著名心理学家威廉·詹姆斯也说："播下一个行动，收获一种习惯；播下一种习惯，收获一种性格；播下一种性格，收获一种命运。"这些贤人智者的名言，都说明了习惯对于人生的重大影响。所以，假如我们希望自己的人生灿烂多彩，那么就请用好习惯将那些不良习惯更换。

审视自己，替换不良习惯

有人说："你的爱好就是你的方向，你的兴趣就是你的资本，你的习性就是你的命运！"此话颇有道理。习性，通俗一点说，就是我们对人、对事、对物所表现出来的较稳定的态度。而这种态度又决定了我们的行为举止，譬如你习性淡泊，那么自然不喜欢争名夺利，自然不会去钩心斗角，如此一来，你做成大事的概率就要小很多，不过也正因为此，你往往能够得到许多朋友的尊敬和喜爱，其实这也不错。

显而易见，习性在很大程度上会促使我们对某一事物做出"唯心"的选择，当然，那只是"心"的选择，但未必就是"正确"的选择。也就是说，如果你这个习性是积极的，它会指引你做出正确的选择，那么你可能是有作为的、是成功的、是幸福的；相反，如果说你这个习性是消极的，那它极有可能会诱使你做出错误的选择，那么你的人生就有可能是平庸的、失败的，甚至是不幸的。

在这方面，佛家也有独到的看法，修行之人认为，众生都有成佛的潜质，但众生并未都成佛，为什么？因为被 10 种恶习蒙蔽了性灵。其实上天对每个人都是公平的，之所以还有那么多不幸福的人，也是因为这 10 种恶习在心头作祟。

那么，究竟是哪 10 种恶习如此厉害呢？——无惭、无愧、忌、悭、悔、眠、昏沉、掉举、嗔恨、覆。其实，这 10 种恶习在我们的生活中是极为常见的，所谓无惭，就是不知道惭愧。古人云："人不知耻，百事可为。"意思是说一个人不要脸，什么不光彩的事都做得出来。

所谓无愧，就是不知自省的意思。就像俗话说的："人不知自丑，马不知面长。"一个人不知自省，他就看不到自己的缺点和不足，就不会去努力改进，如此，学问和做人的功力就会停滞不前，事业和品德就难有长进。

忌，就是忌妒。忌妒心特别强的人，将别人的收获看成自己的损失，为别人的成就暗自神伤。为了不让身边的人太得意，他们经常在背后搞小动作，干一些损人不利己的勾当。他们成天忙于这些惹麻烦没好处的事，哪怕一生劳碌，也百事无成。

悭，就是吝啬。节俭是一种好习惯，过于吝啬，一点好处都到不了别人手里，人际关系必然很差。因为缺乏交流、信息不畅，不易发现成功的机会，见识方面也难有长进。吝啬不只是钱财的悭吝，还有对法的悭吝，也就是不愿把好的想法、好的建议告诉别人。这样，别人看不到他们的诚意和才能，肯定不会对他们引起重视。

悔，即做事后悔。"如果我那时好好读书就好了"、"如果我好好把握那个机会就好了。"后悔其实是不求上进的表现。如果认为读书有益，哪天不能读书？哪怕已经有五六十岁还不晚，花上五六年时间，即可精通一门学问，如果认为某个机会重要，哪天没有机会？现在是一个机会社会，你需要的是识别和把握机会的能力。所以，浪费任何一个机会都无须后悔。

眠，睡懒觉，也就是懒惰的意思。世界上最没出息的无疑是懒惰不负责任的人。这种人没出息倒好，要是哪天时来运转，得到某个受重用的机会，那就很可能成为大家的不幸。

昏沉，就是昏头昏脑、迷糊颠倒的意思。这主要是身体或精神状况欠佳造成的。几乎每一个成就大业的人都是精力充沛的人。有的人能力和智商都不差，人也不懒，主要是身体欠佳，一想问题就头痛，只好不想；一做事就气喘，只好不做或少做。这怎么能有成就呢？精神状态欠佳，跟身体状况有一定关系，但主要是心理调节能力的问题。有的人心事重，就像《红楼梦》里那个林妹妹一样，一点小事都要琢磨半天，这样肯定开心不起来！那么这样的人如何能够为人所用、给他人造福？

掉举，就是胡思乱想，注意力不集中。精神专注才能做好任何事，做事时东想西想，做出来的事肯定比较马虎！

嗔恨，性子浮躁、自控能力差、喜欢怨天尤人、喜欢自怨自艾，或者容易发怒。这不但容易搞坏人际关系，也容易惹麻烦。整天跟麻烦事打交道，哪有心情干事业呢？

覆，就是文过饰非的意思。做错了事，不肯认错，总是找借口辩解，或者把过错推到别人身上。这种人难当大任，也不易受人信任。

以上10种恶习是做任何事的障碍，所以即使我们没有遁入空门的念头，对它们引起重视也是十分必要的。我们应该立刻对自己做出一个检视，看看哪一种或几种恶习时常在自己身上出现，有则改之，无则加勉。因为克服了这些恶习，最起码可以养成一种良好的心理品质，对你做人是大有裨益的。反之，若是被这些恶习缠绕，我们便容易滋生妄念，妄念一起，心不能平，心不能平则易浮躁，人浮躁了，就极易犯错。

其实，生活中，我们也常生妄念。譬如，对功名利禄的痴想、对于美色的渴望、对于他人成功的艳羡、对于别人的忌妒等，这些事有时会像奔腾不息的瀑布一样，时刻侵扰着我们的生活，若恶习不改、妄念不除，人是很难静下心做事的。

对待妄念，我们要记住两个词：一个是"不忘"，另一个为"不起"。不忘"见宗自相光明"，不起"遮遣、成立、取舍"等心，这是最最重要的。这样，妄念突起时，不压制它、不随它跑，不产生任何爱憎、取舍之心，才能感悟到逍遥人生。

打个比方，我们的大脑就好比一个大容器，你给它装进什么样的信息，它就会储存什么样的信息。如果我们身染上述种种恶习，那么它通过各种渠道得到的多会是暴力、色情、拜金主义及现实社会中的利益争斗等信息，这些不良信息就会在我们的大脑中产生各种妄念，而且这些妄念不会自生自灭，经过一段时间之后会逐渐形成固定的观念，且长久地占据我们的大脑。而要清除它们，最好的方法就是大量接受真诚、善良、宽容等良性信息，以人的正念取代脑中的妄念与邪念，从而逐渐清除那些不该有的恶习。

换言之，当我们想要改掉某些坏习惯之前，最好想清楚该用哪些好习惯来代替它。

求知最忌讳的就是不懂装懂

求知最忌讳的就是自欺欺人，不懂装懂。如果只是为了读书获得知识，这种"自欺欺人"还只不过是害己而已，没有什么大碍。但如果让这种人领导企业，那就不是害己的问题了，可谓是"小则害己害人，大则毁掉企业"。为此，对于我们而言，决不要低估了不懂装懂的危害，因为它完全可能让一个人的品质转变，堕落成为一种社会公害，可谓遗患无穷。

曾听过这样一个笑话。

某人问："你怎样评价莎士比亚？"

甲说："还可以，只是口感不如'XO。'"

乙反驳道："喂！你不要不懂装懂！莎士比亚是一种甜品，怎么被你说成酒了！"

莎士比亚，何许人也！竟被拿来与食品相提并论，可怜他一代文坛泰斗，若闻听此言，恐怕再也难瞑目了。这个笑话真的令人啼笑皆非，寥寥数语，满含哲理。它告诫我们：知道就是知道，不知道就是不知道，不要不懂装懂。

其实，我们每个人都不可能对任何事情精通于心，必然有很多需要弥补和学习的地方。而不懂装懂就好像是给不足之处盖上了一块遮羞布，施了个障眼法，暂时挡住了别人的视线，让自己能够苟延残喘。殊不知，等到真相大白的那一天，不懂装懂的人终究是要为自己的无知付出代价的。

据说苏东坡在湖州做了3年官，任满回京。想当年因得罪王安石，落得被贬的结局，这次回来应投门拜见才是。于是便往宰相府来。此时，王安石正在午睡，书童便将苏轼迎入东书房等候。苏轼闲坐无事，见砚下有一方素笺，原来是王安石两句未完诗稿，题是咏菊。苏东坡不由笑道："想当年我在京为官时，他写出数千言，也不假思索。3年后，正是江郎才尽，起了两句头便续不下去了。"他把这两句念了一遍，不由叫道："呀，原来连这两句诗都是不通的。"诗是这样写的："西风昨夜过园林，吹落黄花满地金。"在苏东坡看来，西风盛行于秋，而菊花在深秋盛开，最能耐久，随你焦干枯烂，却不会落瓣。一念及此，苏东坡按捺不住，依韵添了两句："秋花不比春花落，说与诗人仔细吟。"待写下后，又想如此抢白宰相，只怕又会惹来麻烦，若把诗稿撕了，不成体统，左思右想，都觉不妥，便将诗稿放回原处，告辞回去了。第二天，皇上降诏，贬苏轼为黄州团练副使。

苏东坡在黄州任职将近一年，转眼便已深秋，一日忽然起了大风，风息之后，后园菊花棚下满地铺金，枝上全无一朵，苏东坡一时目瞪口呆，半晌无语。此时方知黄州菊花果然落瓣！不由对友人道："小弟被贬，只以为宰相是公报私仇，谁知是我错了。切记啊，不可轻易讥笑人，正所谓经一事长一智呀。"

苏东坡心中含愧，便想找个机会向王安石赔罪。想起临出京时，王安石曾托自己取三峡中峡之水用来冲阳羡茶，由于心中一直不服气，早把取水一事抛在脑后。于是便想趁冬至节送贺表到京的机会，带着中峡水给宰相赔罪。

此时已近冬至，苏轼告了假，带着因病返乡的夫人经四川进发了。在夔州与夫人分手后，苏轼独自顺江而下，不想因连日鞍马劳顿，竟睡着了，等到醒来，已是下峡，再回船取中峡水又怕误了上京时辰，听当地老人道："三峡相连，并无阻隔。一般样水，难分好歹。"便装了一瓷坛下峡水，带着上京去了。

苏东坡先来到相府拜见宰相，王安石命门官带苏轼到东书房。苏轼想到去年在此改诗，心下愧然。又见柱上所贴诗稿，更是羞惭，倒头便跪下谢罪。

王安石原谅了苏轼以前没见过菊花落瓣。待苏轼献上瓷坛，取水煮了阳羡茶。王安石问水是从哪里取的，苏东坡说："巫峡。"王安石笑道："又来欺瞒我了，这明明是下峡之水，怎么冒充中峡的呢。"苏东坡大惊，急忙辩解道误听当地人言，三峡相连，一般江水，但不知宰相是怎么辨别出来的。王安石语重心长地说道："读书人不可道听途说，定要细心观察，我若不是到过黄州，亲见菊花落瓣，怎敢在诗中乱道？三峡水性之说出于《水经补注》，上峡水太急，下峡水太缓，惟中峡缓急相半，如果用来冲阳羡茶，则上峡味浓，下峡味淡，中峡浓淡相宜，今见茶色半天才现，所以知道是下峡的水。"苏东坡敬服，王安石又把书橱都打开，对苏东坡说："你只管从这24橱中取书一册，念上文一句，我若答不上下句，就算我是无学之辈。"苏东坡专拣那些积灰较多，显然久不观看的书来考王安石，谁知王安石竟对答如流。苏东坡不禁折服："老太师学问渊深，非我晚辈浅学可及！"

苏东坡乃一代文豪，诗词歌赋，都有佳作传世，只因恃才傲物，口出妄言，竟3次被王安石所屈，从此再也不敢轻易傲慢他人。苏东坡尚且如此，而那些才不及东坡者，更应谨言慎行、谦虚好学。一个人读不尽天下的书，参不尽天下的理。正如古人所说："宁可懵懂而聪明，不可聪明而懵懂。"

其实，不懂就不懂，为何要装懂呢？细思之，但凡有此陋习者一般原因有二：一是肚中本来没有多少知识，一旦被人问住，想回答"不知道"，但是又怕自己丢人，所以只好不懂装懂，信口胡诌，答非所问，敷衍了事，从而得以脱身；二是自己的能耐不大，但是却耐不住寂寞，于是就开始在人前人后"打肿脸充胖子"，摆出一副博古通今的架势，张嘴就是"张飞打岳飞，打得满天飞"，专门吓唬那些学识浅薄的人，从而借以扬名。

说到底，不懂装懂其实就是自欺欺人，更是一个人在求知过程中对待缺点和不足的一种遮掩。

可见，不懂装懂不仅无用，反而有害。汉代鸿儒董仲舒曾写道："君子不隐其短，不知则问，不能则学。"所谓"不隐其短"就是要敢于承认自己的不足，敢于解剖自己。"不知则问"就是让自己少几分羞涩与虚伪，多几分坦诚与谦虚。"不能则学"就是要学习自己原来不明白的东西，弥补缺陷，不断充实自己，成为一个有真才实学的人。

我们也只有踏踏实实地学习，实事求是地做人，才能够在人生道路上站得稳、走得端。

不能脚踏实地，就只能人浮于事

我们是不是会这样？——刚刚迈出校门，就想着"执掌帅印"；刚刚开始创业，就想着富甲天下。对于小事，我们不屑为之，一鸣惊人、震动天下才是我们的"理想"所在。倘若要我们从底层做起，岂有此理！那是屈才，是做领导的有眼无珠、大材小用！为什么做不出成绩？是自己生不逢时，是因为没有伯乐赏识！但我们可曾静下心想过，自己究竟做过些什么？答案是——没有！

那么，我们是不是总觉得自己高人一等？是不是总觉得自己处处都比别人更强？谁都能做的工作让我们去做？——我们不甘心、不情愿，因为"大丈夫处世，当扫天下，安事一屋"？我们激情四溢、志存高远，可是老大不小却依然一事无成，于是我们徒呼："奈何！心比天高，命比纸薄！"可是，我们是否仔细思考过，这"命比纸薄"的根结在哪儿？答案依然是——没有！

我们是不是时常这样抱怨："每天都要做些鸡毛蒜皮的小事，烦都烦死了，这不是浪费生命吗？难道我宝贵的青春就要在这些小事上消磨殆尽？"答案很可能是——是的！

如果上述种种情况都曾在我们身上出现过，甚至还在延续，那么很不幸，我们患上了一种顽疾，它的名字叫"好高骛远"！

谁如果感染了这种病毒，那么他的心灵必然会受到侵害，他甚至会认为，人生可以不经过程而直奔终点，不经卑俗而直达高雅，舍弃细小而直达广大，跳过近前而直达远方。这会直接导致他在人生操作上犯下大错误，乃至跌下大跟头！

那么，就让我们来简析一下这种顽疾的成因。它始于心性高傲，成于轻浮于世。也就是说，过高的心性令我们对自己、对现实产生了错误的认识，于是我们盲目认为自己就是做大事的料，认为自己就只应该做大事。接着，我们开始等待做大事的机遇来临，只是这一等，便不知等待了多少个春秋。慢慢地我们发现，身边的一切貌似都在改变，曾经的同事如今变成了上司，曾经的穷小子如今已然事业有成……而不变的只有我们自己的心性，我们依然在高傲地等待着，只是不知还要等待多少个年头……这，便是我们"命比纸薄"的根结所在！

如果说我们想改变这种状态，那就只有一剂良药可用——脚踏实地。

一位哲人曾经说过："好高骛远会导致人生大败，脚踏实地则更容易成就未来。"很多时候我们都错误地将"好高骛远"当成是"目标远大"，其实不然。诚然，它们都是对人生的一种向往和憧憬，而二者的区别就在于，能否脚踏实地地为目标的实现付出足够的努力。我们蹒跚学步时都有这样的体会，当我们走不稳时若想去跑，那必然会摔跟头，其实在人生路上行走也是如此，我们只有踏踏实实地经营好每一个环节，才能保证人生大厦不会倾覆。路标永远指向前方，但是前进的道路却在我们脚下，只有实实在在地走好每一步，才能够走得更稳、更远。

事实上，小至个人，大到一个公司、企业，它们的成功发展，都是来源于平凡的积累。因此，请不要看轻任何一件所谓的小事，因为没有人可以一步登天。当我们认真对待并做好每一件事时，我们会发现自己的人生之路越来越宽，成功的机遇也会接踵而至。

人，如果能一心一意做事，世间就没有做不好的事。这里所讲的事，有大事，也有小事，所谓大事与小事，只是相对而言。很多时候，小事不一定就真的小，大事不一定就真的大，大事小事可能很有关联，小事积成大事。关键在做事者的认识能力。我们一心想做大事，常常对小事嗤之以鼻，不屑一顾，其实可能连小事都做不好，还妄谈什么成功？

先哲们常教我们"勿以善小而不为，勿以恶小而为之"。这是因为先哲们明白，"小事正可于细微处见精神。有做小事的精神，就能产生做大事的气魄"。所以不要小看做小事，不要讨厌做小事。只要有益于工作，有益于事业，我们就能用小事堆砌起事业的大厦，堆砌起人生的长城。

其实许多小事并不小，那种认为小事可以被忽略、置之不理的想法，只会令我们错失很多机遇。

美国标准石油公司曾有一位小职员，他的名字叫"阿基勃特"。他在出差时，每到一家旅馆都会在自己的签名下方写上——"每桶 4 美元的标准石油"，在书信及收据上也不例外，签了名，就一定会写上那几个字。他因此被同事叫作"每桶 4 美元"，而他的真名倒没有人叫了。

公司董事长洛克菲勒知道这件事后说道："竟有如此努力为公司做宣传的职员？我要见见他。"于是，洛克菲勒邀请阿基勃特共进晚餐。

后来，洛克菲勒卸任，阿基勃特成了第二任董事长。

也许在我们大多数人眼中，阿基勃特签名时署上"每桶 4 美元的标准石油"实在是小事一件，甚至有人会嘲笑他。可是这件小事，阿基勃特却做了，并坚持把这件小事做到了极致。在那些嘲笑他的人中，肯定有不少人的才华、能力在他之上，可是最后，他却成了董事长。一个人的成功有时纯属偶然，可是谁又敢说那不是一种必然呢？

进步需要一点一滴的努力，就像"罗马不是一天造成的"一样，每一个重大的成就，都是一系列小成就逐渐累积的结果。而很多时候，我们人生的失误就在于好高骛远、不切实际，既脱离了现实，又脱离了自身，总是这也看不惯，那也看不惯。或者以为周围的一切都与我们为难，或者不屑于周围的一切，不能正视自身，没有自知之明。其实，我们该掂量自己有多大的本事、有多少能耐，要知道自己有什么缺陷，不要以己之所长去比人之所短。

事业成功与工作态度就像车身与车轮一样，如果你不让车轮着地，汽车就永远不可能驶向远方。脱离了现实便只能令我们生活在虚幻之中，不能脚踏实地，只能在空中飘着，如此，所有的远大目标也只不过是海市蜃楼。有时，某些人看似一夜成功，但是如果你仔细看看他们以往的奋斗历史，就知道他们的成功绝非偶然——他们早就投入了无数的心血，打好了坚实的基础。

别习惯于依赖，那是人生的大害

有依赖性格的人是什么样子？——他们常常感到无助，感到自己懦弱、无能、笨拙、缺乏精力，有时，甚至还会产生被遗弃的感觉。

为什么会这样？因为这类人过分地将自己的需求依附于他人，过分顺从他人的意思，一切听他人的决定，生怕被他人隔离。当亲密关系终结时，他们就会产生被毁灭与无助的体验。总而言之，这类人缺乏起码的独立性，在生活上需要别人为其承担责任，甚至从事何种职业都得由别人决定。他们把所有的希望都放在别人身上，遇到困难时，总是想获得别人的帮助。这类人有一种将责任推给别人，让别人来对付逆境的倾向。一般来说，他们没有深刻而复杂的思维活动，也没有远大的理想抱负与追求，满足于得过且过的生活现状。

那么，我们要如何才能改变这种习惯呢？

首先，树立独立的人格，培养自主的行为习惯，一切自己动手，自然就与依赖无缘了。对于已养成依赖心理的人来说，要用坚强的意志来约束自己。无论做什么事都要有意识地独立完成，开动脑筋，把要做的事的得失利弊考虑清楚，敢于独立处理事情。

其次，树立人生的使命感与责任感。某些没有使命感与责任感的朋友，生活懒散、消极被动，往往容易跌入依赖的泥潭；反之，那些具有使命感与责任感的人都有一种实现抱负的进取心，他们对自身要求严格，做事认真，不敷衍了事，也不马虎草率，具有一种主人翁的精神。主人翁精神是与依赖心理相悖逆的，选择了该精神，我们就选择了自我的主体意识，就会因依赖他人而感到羞耻。

此外，如果可以的话，不妨单独或与不熟悉的人办一些事或做短期的外出旅游，这样做的目的，是为了锻炼我们独立处理事情的能力。自己单独去办一件事，而完全不依赖他人，无论办成或办不成，对我们来说都是一种锻炼。与陌生人外出旅游，由于不熟悉，出于自尊心与虚荣心，你不会依赖别人，事事都得自己筹划，无形之中抑制了你的依赖心理，促使你选择自力更生，有利于你独立的人生品格的培养。

要克服依赖的心理习惯，我们还可从以下几个方面入手。

1. 全面认识依赖习惯的危害性。要纠正平时养成的习惯，提高自身的动手能力。不要什么事情都指望别人，遇到问题要作出属于自己的选择与判断，加强自主性与创造性。学会独立思考问题，独立的人格要求独立的思维能力。

2. 要在生活过程中树立行动的勇气，恢复自信心，自己能做到的事情一定要自己去做，正确地、全面地评价自己。

3. 多向独立性强的人学习，多与他们交往，观察他们是如何独立处理问题的。同伴，良好的榜样作用可以激发我们的独立意识，改掉依赖这一不良习惯。

我们应该明白，我们才是自己的主人，只有自己才能帮助自己到达成功的顶峰。

　　我们年幼时，由于没有能力应对外界的挑战，所以依赖他人的帮助成了我们唯一的选择，因为我们身边的亲人有这样的责任，这本无可厚非。可是现在我们长大了，我们是一个完整的人，别人具备的生存能力，我们一应俱全，难道我们还要一味地依赖他人吗？

　　生活中可能常有人对我们说："真是个永远长不大的小孩，总让人操心！"——不要觉得这是在受宠，别享受这种宠爱，这就是过度的依赖，严格意义上说，这是一种心理上的缺陷。当我们出现这种心理缺陷时，最直接的表现也许就是喜欢撒娇。尤其需要注意的是，我们这里提到的撒娇，不仅仅是表现出一种依赖——这类人一方面依赖着别人，另一方面却在想着如何控制别人。所以也可以说，他们是在"利用别人的善意达到自己的目的"。要了解这一点，看看幼儿的情形就知道了（当然这也是最典型的撒娇者）——幼儿在说话的时候，要是别人（比如父母）不注意听，或者父母更加关注别的孩子，他们就会撒娇生气；如果别人不依照他们的意思行动，他们就会使性子、赌气、哭叫。

　　这就是依赖性较强的那些人的可悲之处，他们已经长大，却仍和幼时一样，别人不注意他们时还会觉得不满。他们虽然已经除去了身体上的"尿布"，但精神上的则尚未除去。就像那些热恋中的撒娇者，他们时刻只让对方注意自己，而跟其他的异性"绝缘"——一旦他们的心理得不到满足，就会使性子，或者变得很暴躁。

　　总而言之，这些人是绝对以自我为中心的，总是希望受到别人的特别对待，或者受到别人的高度注意——要别人把自己当作重要人物看待。事实上，这根本就是在给自己找不愉快——你不是这世界的中心，为何要所有人围着你转呢？我们必须认识到，要实现真正的自我成长，从现在开始，我们就必须摒弃依赖的性格，培养并且增强自己的独立性，让自己真真正正地成为一个完整的人。

戒除忌妒，避免伤害

忌妒是一种负面心理习惯，如果放任其发展下去，很可能对你产生消极的影响。忌妒被心理学家称作是一把"双刃剑"，因为多数情况下，由于忌妒心的作用，在做事过程中都会伤害双方，所以历来的文学家们都用妖魔或病蛊来形容它，莎士比亚说得很确切："忌妒是绿眼的妖魔，谁做了它的俘虏，谁就要受到愚弄。"

忌妒是一种破坏性因素，对生活、人生、工作、事业都会产生消极的影响，正如培根所说："忌妒这恶魔总是在暗暗地、悄悄地毁掉人间的好东西。"

荀况曾经说过："士有妒友，则贤交不亲；君有妒臣，则贤人不至。"忌妒是人际交往中的心理障碍，它会限制人的交往范围，压抑人的交往热情，甚至能化友为敌。

忌妒破坏友谊、损害团结，给他人带来损失和痛苦，既贻害自己的心灵，又殃及自己的身体健康。

其实，忌妒对个人来说，是一种十分痛苦的情绪体验。由于人们都知道忌妒心是一种不好的心理习惯，因而一般都羞于启齿。因此，只能深深地隐藏于自己的内心，这种阴暗的心理必然使人陷入痛苦和烦恼之中。心理学家告诉我们，一个人如果长时期处在这些不良的消极因素影响下，就会产生各种各样的疾病，如胃病、高血压、头痛、十二指肠溃疡等，都与人的精神状态有着千丝万缕的联系。

忌妒心太强的人不能容忍别人超过自己，害怕别人得到他们所无法得到的名誉、地位，或其他一切他们认为很好的东西。在他们看来，自己办不到的事最好别人也不要办成，自己得不到的东西别人也不要得到。显然这是极其阴暗龌龊的心理。

忌妒的害处很大，对于忌妒者本身来说，它是本质上的疵点。一个人一旦受到忌妒习惯的侵袭，往往会头脑糊涂、停步不前，甚至丧失理智，处处以损害别人来求得对自己的补偿，以致干出种种蠢事来。好忌妒者由于经常处于所愿不遂的忌妒情绪煎熬之中，其心理上的压抑和矛盾冲突所导致的劣性刺激，可使神经系统功能受到严重影响。

我们来看看下面这个故事。

张洁与李岚是两个同龄的女人，同为一家公司的职员，同在一个宿舍生活。在公司里，她们两个人是形影不离的好姐妹。张洁活泼开朗，李岚性格内向、沉默寡言。在工作中，人们的目光更多地投到了张洁的身上。李岚逐渐觉得自己像一只丑小鸭，而张洁却像一位美丽的公主，心里很不是滋味，她认为张洁处处都比自己强，把风光占尽，因为这样，李岚的心理渐渐失衡，一股忌妒心理在强烈地滋生。她时常以冷眼对张洁。一天，张洁参加了公司组织的服装设计大赛，并得了一等奖，李岚得知这一消息先是痛不欲生，而后妒火中烧，趁张洁不在宿舍之机将她的参赛作品撕成碎片，扔在张洁的床上。她俩因这件事终于反目成仇。

由此看来，忌妒的情绪继续发展下去，必然要伤害他人。

心理学家指出，忌妒是一种恨，这种恨使人习惯对他人的才能和成就感到痛苦，对他人的不幸和灾难感到痛快。他们不是在自己的成就里寻找快乐，而是在别人的成就里寻找痛苦，所以他们自己的不幸和别人的幸福都使他们痛苦万分。

忌妒者总是与别人攀比，看到别人比自己优秀就眼红，就会产生焦虑、不安、不满、怨恨、憎恨。他们的情绪极端不稳定，易激怒、爱感情用事、反复无常、自制力极差，一次次的痛苦循环，使得心理负荷越来越重，终日被自己的忌妒所折磨、撕裂、噬咬，使得忌妒者内心苦闷异常。

忌妒者怀着仇视的心理和愤恨的眼光去看待他人的成功，而自己却在这种不良的情绪中受到极大的心理伤害。

习惯忌妒的人，一般自卑感较强，没有能力、没有信心赶超先进者，却又有着极强的虚荣心，看到一个人走在他们前面了，他们眼红、痛恨，他们埋怨、愤怒……因而便想方设法去贬低他人，到处散布诽谤别人的谣言，有时甚至会干出伤天害理的事情来。这样做的结果，不但伤害了别人，同时也降低了自己的人格，毁掉了自己的荣誉。

习惯忌妒的人，时时刻刻绷紧心上的一根弦，时刻处于紧张、焦虑和烦恼之中。他们不能平静地对待外部世界，也不能使自己理智地对待自己和他人。他们对比自己优秀的人总是怀着不满和怨恨之情，对比自己差的人又总是怀着唯恐其超过自己的恐惧之心。

忌妒会让人一生碌碌无为。忌妒的受害者首先是忌妒者自己。

习惯忌妒的人经常处于愤怒嫉恨的情绪中，势必影响自己的学业、工作和生活。自己不上进，恨别人的上进；自己无才能，恨别人有才能；自己无成就，恨别人获得了成就。忌妒者的光阴和生命就在对他人的怨恨中毫无价值的消磨掉，到头来两手空空，一事无成。

俗话说："世上本无事，庸人自扰之。"忌妒者都是庸人，自己给自己制造烦恼、痛苦和思想包袱；自己给自己制造"敌人"，树立对立面；自己给自己制造不平静，所以，忌妒者都是无事生非和无事自扰的庸人。

德国谚语说得也很妥帖："忌妒是为自己准备的屠刀"、"忌妒能吃掉的只是自己的心。"翻一翻历史，哪一个忌妒者有好下场：隋炀帝因嫉贤妒能，招致群臣离心离德而覆亡；杨秀清因权欲熏心，忌妒洪秀全和众亲王，想夺天王之位，最后被杀；梁山泊的第一任寨主王伦忌妒晁盖、吴用而灭身……

所以，聪明人意识到自己有了忌妒之心就会立即刹车，打消损人的恶念，把忌妒心转化为向他人学习的动力，努力追赶上去，这样才会创造出令人羡慕的业绩。

忌妒是人生中一种消极的负面情绪，更是损坏人们身心健康的一大罪魁祸首；忌妒还是人际交往中的心理障碍，它不仅容易使人们产生偏见，还能影响人际关系。所以，我们要正确看待忌妒这种心理习惯，积极地对它进行矫正。